Über die Gewissheit von Vorhersagen

AF400101

Der Naturwissenschaftler Dipl.-Math. Klaus-Dieter Sedlacek, Jahrgang 1948, studierte in Stuttgart neben Mathematik und Informatik auch Physik. Nach fünfundzwanzig Jahren Berufspraxis in der eigenen Firma widmet er sich nun seinen privaten Forschungsvorhaben und veröffentlicht die Ergebnisse in allgemein verständlicher Form. Darüber hinaus ist er der Herausgeber mehrerer Buchreihen unter anderem der Reihen „Wissenschaftliche Bibliothek" und „Wissen gemeinverständlich".

Klaus-Dieter Sedlacek (Hrsg.)

Über die Gewissheit von Vorhersagen

Wissen gemeinverständlich Bd. 22

Bibliografische Information der Deutschen Bibliothek: Die
Deutsche Bibliothek verzeichnet diese Publikation in der
Deutschen Nationalbibliografie; detaillierte bibliografische
Daten sind im Internet über
http://dnb.ddb.de
abrufbar.

Neuausgabe

Herstellung und Verlag: BoD - Books on Demand, Norderstedt
ISBN 9783753461281

Inhaltsverzeichnis

1. Wie einfache Überlegungen zu den Grundprinzipien von Vorhersagen führen

»Man biete dem Glück die Hand!« lauten die sich oft wiederholenden Lockungen zur Beteiligung an Lotterien und anderen Glücksspielen, und Tausende lassen sich durch derartige Aufforderungen verleiten, die Gelegenheit zum Wagnis zu benutzen, ohne dass sie sich genügend klar machen, ob die Aussichten eines Gewinnes und der Genuss der mit dem Spiel verbundenen Aufregung den Einsatz lohnt. Jeder hofft, dass ihm die Glücksgöttin günstig sein werde, Alles harrt mit banger Erwartung ihrer Spenden, um dann in den überwiegend meisten Fällen in den Hoffnungen getäuscht zu werden.

Es ist wahr, ohne Wahl, ohne Billigkeit verteilt der glückliche Zufall seine Gaben; aber sollte derselbe jeder Regel spotten und es nicht möglich sein, wenigstens einen Schluss über das Angemessene des Einsatzes in einem bekannten Spiel zu gewinnen?

Um diese Frage zu beantworten und um überhaupt bei stimmte Anhaltspunkte für die Beurteilung der bei Glücksspielen auftretenden Möglichkeiten zu gewinnen, wollen wir von der Betrachtung eines sehr einfachen und in ganz

Deutschland bekannten Lottospiels ausgehen. In vielen Wirtshäusern sind die mit Südfrüchten, Konfekt und dergleichen handelnden Hausierer eine im 19. Jahrhundert bekannte Erscheinung. Dieselben suchten zumeist ihre Ware nicht durch direkten Verkauf, sondern durch ein Glücksspiel in die Hände der Gäste zu bringen. Der Handlungsreisende braucht zu demselben 90 Lottosteine mit den laufenden Nummern von 1 bis 90, welche, nach der Art des verabredeten Spiels, blindlings vom Spieler gezogen werden. Das einfachste Spiel ist »gerade oder ungerade«, welches wohl allgemein als eine Erinnerung der Schulzeit bekannt ist. Der Spieler entscheidet sich vor dem Ziehen etwa für »gerad«. Stimmt die gezogene Nummer hiermit überein, ist diese also eine gerade Zahl, so hat er gewonnen, im entgegengesetzten Falle verloren. Unter den 90 Nummern sind eben so viele gerade, wie ungerade Zahlen, daher die Aussichten auf Gewinn und Verlust einander gleich. Wurde also um einen Groschen gespielt, so hätte der Händler dem gewinnenden Spieler Ware im Wert von einem Groschen zu übergeben. Da er aber den Geldeinsatz des Spielers in allen Fällen einzieht, hat er sowohl für diesen, wie für den Gewinn, also im Ganzen für zwei Groschen dem glücklichen Gewinner Ware auszuhändigen.

Etwas verwickelter ist ein zweites, von Handelsreisenden vielfach geübtes Spiel. Bei diesem werden aus den vorhandenen 90 Nummern drei blindlings gezogen; ist die Summe der gezogenen drei Nummern kleiner als 100, so hat der Spieler gewonnen, ist sie gleich oder größer als 100, verloren. Eine nicht ganz einfache Rechnung, die hier natürlich, wie jede mathematische Entwicklung, übergangen wird, zeigt, daß man die Zahlen von 1 bis 90 genau 24.952 mal zu je dreien so zusammenstellen kann, daß die Summe der kombinierten Nummern kleiner als 100 ist. Nun lassen sich 90 Nummern überhaupt 117.480 mal zu je dreien zusammenfassen, und daher gibt es 117.480 weniger 24952, oder 92.528 Kombinationen, für welche die Summe der drei jedesmal zusammengestellten Nummern gleich oder größer als 100 ist. Soll nun das geschilderte Glücksspiel als reell gelten, muss der Gewinn größer als der Einsatz sein, und zwar muss sich verhalten:

Gewinn zu Einsatz, wie 92.528 : 24.952. Das Verhältnis der letzten Zahlen ist fast genau $3^{17}/_{24} : 1$, oder angenähert $3\frac{3}{4} : 1$.

Demnach muss der Gewinn $3\frac{1}{4}$ mal so hoch wie der Einsatz sein, oder, da der Handelsreisende auch hier den Geldeinsatz des Spielers, gewöhnlich 25 Pfennige, stets einzieht, es muss der Gewinner für den Einsatz und den Gewinn, also im Ganzen für das $4^{3}/_{4}$ fache des Einsatzes Ware erhalten. Gewöhnlich gibt der Handelsreisende dem Spieler sogar angeblich das Fünffache an Ware. Das geschilderte Spiel erscheint hiernach als ein durchaus reelles, dessen Veranstalter sogar, wenn er nicht auf seinen Verdienst an der ausgeteilten Ware rechnen könnte, mit Schaden arbeiten würde. Aus der geführten Überlegung ergibt sich aber auch, wie unwahrscheinlich es ist, bei diesem Spiele auf den ersten Zug zu gewinnen, und sollte sich daher die bei Manchem so beliebte Erzählung vom »glücklichen ersten Zug« häufiger wiederholen, so dass im Durchschnitt als sicher angenommen werden, dass bei fünffacher Wiederholung jener glückliche Zufall nur einmal eingetroffen sei und sich viermal wohl im Wunsche des Spielers, nicht aber im Beschluss des tückischen Geschicks gefunden habe. In vorstehender Betrachtung über die Hoffnungen, welche ein Zug bei den geschilderten Lottospielen bietet, sind bereits die Grundlagen einer Betrachtungsweise verwertet, welche bei Beurteilung aller Tatsachen ihre Verwendung findet, die scheinbar gar keinen Gesetzen gehorchen, deren Wesen also durch die vollständige Willkür bedingt, nur vom Zufall abhängig zu sein scheint; oder deren Gesetze uns doch zur Zeit noch zu unbekannt sind, um das Wesen der Erscheinung, wenn auch nur angenähert, durch die Form einer mathematischen Abhängigkeit ausdrücken zu können. Zur ersten Art der Erscheinungen, deren Prinzip also der Zufall, die absolute Unregelmäßigkeit, ausmacht, gehören alle reinen Glücksspiele, und die bei diesen vorkommenden Möglichkeiten waren es auch, welche den ersten Anstoß zu der mathematischen Behandlung derselben gaben. Diese Untersuchung der bei zufälligen Ereignissen denkbaren Möglichkeiten hat sich in überraschend kurzer Zeit zu der für das Versicherungswesen, die Statistik und die Naturwissenschaft so wichtigen und noch immer an Bedeutung zunehmenden Wahrscheinlichkeitsrechnung entwickelt. Nur diese Wahrscheinlichkeitsrechnung hat die Bildung und Erhaltung von Gesellschaften zur Lebens- und Feuerversicherung möglich gemacht; sie bildet die Grundlage für eine nutzbringende Anwendung der Statistik, und ihr allein verdanken wir nicht nur die so weit getriebene Genauigkeit bei unseren physikalischen besonders bei astronomischen Messungen, sondern sie hat auch im letzten Jahrzehnt ein Mittel geboten, um in geheime und verwickelte Erscheinungen der Körperwelt einzudringen.

Selbst ohne mathematische Kenntnisse, welche allerdings die weitere Ausbildung dieser Wissenschaft in sehr bedeutendem Maße in Anspruch nimmt, gewähren die einfachen und Jedem fasslichen Grundlehren derselben einen Schlüssel zum Verständnis vieler beachtenswerten Vorgänge im praktischen und wissenschaftlichen Leben.

Das Verdienst, den ersten Anstoß zur Ausbildung der Wahrscheinlichkeitsrechnung gegeben zu haben, gebührt dem Franzosen Blaise Pascal, jenem berühmten Literaten des siebzehnten Jahrhunderts, dessen Verdienste die Theologie, die Physik und Mathematik bereicherten. Die theologische Literatur verdankt ihm die Provinzial-Briefe gegen die Jesuiten, ein Meisterwerk französischer Prosa, welches mit den bekannten, 120 Jahre später erscheinenden Streitschriften Lessing's gegen Götze nicht nur vielfach im Inhalt, sondern auch in der Vorzüglichkeit der Form und der satirischen Schärfe der Polemik übereinstimmt. In der Physik lehrte er das Barometer zu Höhenmessungen und meteorologischen Beobachtungen benutzen. Weitaus am bedeutendsten sind aber seine Entwicklungen in der Mathematik, und der von ihm aufgestellte und nach dem Forscher benannte Pascal'sche Lehrsatz besitzt für die neuere Geometrie gleiche Wichtigkeit, wie sie für die älteren Teile des mathematischen Wissens der pythagoräische Lehrsatz beansprucht. Dieser geistige Heros geriet im Sommer 1654, als er eben 30 Jahre zählte, in die Hände eines Abenteurers, des Chevalier's de Méré, welcher sich als Spieler einen berüchtigten Namen geschaffen hatte. Die Folgen dieses Verkehrs mochten für Pascal Veranlassung bieten, über die verschiedenen Möglichkeiten im Würfelspiel nachzudenken.

Pascal teilte die hierüber geführten Untersuchungen seinem berühmten Kollegen Fermat mit. Dieser, bei seinen Zeitgenossen hauptsächlich als Dichter und Parlamentsredner bekannt, behauptet in der Geschichte der Mathematik ebenfalls einen ehrenvollen Platz; und wie der Pascal'sche Satz für geometrische Untersuchungen, bilden die Fermat'schen Sätze für zahlentheoretische Entwicklungen eine Grundlage.

In diesem, zwischen Fermat und Pascal geführten Briefwechsel wurden bereits, mit vollem Bewusstsein von der Bedeutung des der Rechnung unterworfenen Gebiets, komplizierte Aufgaben der Wahrscheinlichkeitsrechnung gelöst. Wir erfahren, dass die äußere Veranlassung, welche Pascal zur Mitteilung an Fermat trieb, ein Streit des ersteren mit seinem Genossen de Méré war.

Beide wurden von einem nicht vollendeten Spiele abberufen, und da die Aussichten, das Spiel siegreich zu beenden, verschieden waren, erhob sich die Frage, wie der Einsatz zu teilen sei. Dem Chevalier wollte das richtige, von Pascal hergeleitete Resultat nicht einleuchten, und Pascal berichtet hierüber 1654 an Fermat: »Ich habe keine Zeit, Ihnen die Lösung einer Schwierigkeit zu übersenden, über welche Herr de Méré sehr erstaunt war; denn er ist ein geistreicher Mann, aber kein Mathematiker. Das ist, wie Sie wissen, ein großer Fehler". Und als Fermat später Lösungen mitteilte, welche Pascal bereits gefunden hatte, schrieb dieser: »Ich zweifle jetzt nicht mehr, dass ich auf richtigem Wege bin, nachdem ich mich in so merkwürdiger Übereinstimmung mit Ihnen befinde. Ich sehe wohl, die Wahrheit ist dieselbe in Toulouse wie in Paris".·

Der zwischen Pascal und Fermat geführte Briefwechsel wurde erst 1679 veröffentlicht. Doch war bereits lange vorher Kunde über die von ihnen geführten Untersuchungen zu Fachgenossen gedrungen, und hierdurch ·angeregt, veröffentlichte der besonders als Physiker berühmte Holländer Christian Huygens, dem wir die Penduluhr und die verbesserte Einrichtung der Taschenuhren verdanken, im Jahre 1657 eine Theorie der Würfelspiele. Ja dieser Arbeit wurden zum ersten Male die Hauptsätze der Wahrscheinlichkeitsrechnung in elementarer Weise entwickelt. Ihm folgte 1666 der bekannte Philosoph Baruch Spinoza.

Eine von einem Freunde gestellte Aufgabe bot ihm Gelegenheit, die Grundsätze der neuen Wissenschaft in scharfer, sachgemäßer Weise aufzustellen.

Um diese Grundprinzipien durch ein möglichst einfaches Überlegen zu entwickeln —- von einer strengen Herleitung kann hier nicht die Rede sein —- betrachten wir die mit einem einzigen Würfel möglichen Würfe. Derselbe kann nach dem Wurf die sechs verschiedenen Zahlen 1, 2, 3, 4, 5, 6 zeigen. Habe ich jedoch vorher gewettet, dass der Würfel eine bestimmte Zahl, etwa 4, zeige, so ist für das Gewinnen meiner Wette nur eine Möglichkeit vorhanden, nämlich eben die, 4 zu werfen, alle anderen fünf Fälle sind ungünstig. Man sagt nun, die mathematische Wahrscheinlichkeit, meine Wette zu gewinnen, sei $^1/_6$.

Der Zähler dieses Bruches, 1, gibt die Zahl der mir günstigen, der Nenner, 6, die Zahl aller vorhandenen Möglichkeiten. Und hiermit gewinnen wir die grundlegende Erklärung der Wahrscheinlichkeitsrechnung:

Die Wahrscheinlichkeit eines Ereignisses wird durch einen Bruch ausgedrückt, dessen Zähler durch die dem erwarteten Ereignis günstigen Fälle, und dessen Nenner durch die Summe aller überhaupt denkbaren, sowohl günstigen wie ungünstigen Fälle, gebildet wird; vorausgesetzt, dass keine Ursache bekannt ist, welche das Eintreten einer Möglichkeit gegen eine andere begünstigt.

Die mathematische Wahrscheinlichkeit, aus den neunzig Nummern des vorhin erwähnten Südfruchthändlers eine gerade zu ziehen, ist hiernach $^{45}/_{90}$ oder ½. Denn 90 verschiedene Nummern können überhaupt gezogen werden, und von diesen 90 Zügen sind 45 dem erwarteten Ereignis, auf eine gerade Nummer zu treffen, günstig. Nach derselben Schlussweise ergibt sich für die Wahrscheinlichkeit, ans den erwähnten 90 Nummern drei zu ziehen, deren Summe unter 100 ist, mit Rücksicht auf die früher vorgeführten Zahlen $^{24252}/_{117480}$ oder nahe

$^4/_{19}$. Die Wahrscheinlichkeit, welche uns bisher nur einen unbestimmten Hinweis auf den Grad unseres erfahrungs- oder neigungsgemäßen Vertrauens darstellte, drückt sich also jetzt in bestimmten Zahlen aus, welche eine Vergleichung der Wahrscheinlichkeit unter verschiedenen Umständen erlauben. Die äußersten Grade dieser mathematischen Wahrscheinlichkeit sind 0 und 1. Null bedeutet, dass das erwartete Ereignis gar nicht auftreten kann, Eins. dass jeder mögliche Fall dem Eintreffen des erwarteten Ereignisses günstig ist. Eins drückt also die unzweifelhafte Gewissheit aus.

Um den bisher erläuterten Begriff praktisch verwerten zu können, ist eine Ergänzung desselben nötig. Kehren wir zu dem vorhin gebrauchten Beispiel des Spiels mit einem Würfel zurück. Ich hatte gewettet, 4 zu werfen. Die Wahrscheinlichkeit hierfür ist $^1/_6$, dagegen diejenige, nicht 4 zu werfen, $^5/_6$. Soll also das geführte Spiel reell sein, so muss der von mir zu erwartende Gewinn fünfmal so groß, wie der Einsatz sein. Oder verallgemeinert: Ist bei einem Glücksspiel zwischen zwei Spielern die Wahrscheinlichkeit des Gewinnens eine verschiedene, so müssen bei reellem Spiel auch die erwarteten Gewinne nach dem Verhältnis der Wahrscheinlichkeiten derart verschieden sein, dass der größeren Wahrscheinlichkeit der kleinere Gewinn entspricht. Diese Überlegung, in mathematische Form gekleidet, liefert die Bedingung. dass die aus der Wahrscheinlichkeit des Gewinnens und dem Gewinn selbst gebildeten Produkte für beide Spieler einander gleich seien. Die Wissenschaft hat diese Produkte mit dem Ausdruck »mathematische Erwartung« bezeichnet. Daher kann die eben hergeleitete Bedingung ausgesprochen werden:

»Bei reellen Glücksspielen sind die mathematischen Erwartungen der Spieler einander gleich«.

2. Die Klassenlotterie

Die wenigen, bisher aufgefundenen Erklärungen und Grundsätze befähigen uns, zur Untersuchung des in unserem Staat verbreiteten Glücksspiels zu schreiten, dessen launische Ergebnisse mindestens einmal in jedem Jahre die ganze Bevölkerung in Aufregung versetzen, dessen Resultate von Alt und Jung, Groß und Klein mit gleicher Spannung erwartet werden. Wir werden die Verwendbarkeit der hergeleiteten Sätze durch eine Beurteilung der früheren Preußischen Klassenlotterie erweisen.

Die frühere Preußische Klassenlotterie besteht nach ihrem Plan aus 80.000 Stammlosen und 15.000, zu den Gewinnen der zweiten, dritten und vierten Klasse auszugebenden Freilosen, welche bis zu ihrer Ausgabe für Rechnung der Lotteriekasse mitspielen. mit 43.000 in vier Klassen verteilten Gewinnen. Dieser nach dem Plan mitgeteilte Wortlaut wird durch die folgende Schilderung einer Ziehung verständlicher werden.

Vor der Ziehung der ersten Klasse werden die Nummern sämtlicher 95.000 Lose in eine, die Zahlen sämtlicher 4000 Gewinne, welche bei dieser ersten Ziehung nach dem feststehenden Plan der Lotterie herauskommen müssen. in eine andere Tombola gelegt. Die Zahl eines jeden Loses oder Gewinns befindet sich in einer kleinen undurchsichtigen Kapsel. Die Tombolen sind leicht bewegliche Hohlzylinder aus Glas, vielleicht ¼ m breit, 1 m im Durchmesser. Die Ziehung findet öffentlich statt. Vor jeder Tombola, welche auf erhöhten Estraden aufgestellt sind, steht ein Zögling des Berliner Waisenhauses, welchem das Ziehen der Nummern aufgetragen ist. Jeder Knabe nimmt aus seiner Tombola eine Nummer; derjenige, welcher die Losnummer gezogen, übergibt diese einem Beamten. Eine Klingel gebietet Stille, und der Beamte ruft die gezogene Nummer mit lauter Stimme aus. Dann nimmt er die vom zweiten Knaben gezogene Gewinnnummer, welche ebenfalls laut verkündet wird.

Ist der gezogene Gewinn nicht der kleinstmögliche, werden Lose und Gewinnnummer zweimal ausgerufen. Nachdem 100 Nummern gezogen sind, werden die Tombolen stark gedreht und hierdurch ihr Inhalt durcheinander geschüttelt.

Jedes Los, welches gezogen wird, gewinnt also; die zurückgebliebenen, nicht gezogenen Lose bilden die Nieten. Von den 95.000 Losen, deren Nummern sich in der einen Tombola befinden, gelangten jedoch nur 80.000, und zwar durch Verkauf, in die Hände des Publikums; die übrigen 15.000 Lose, welche aber ebenfalls mitspielen, werden von der General-Lotterie-Direktion zu ihren Gunsten zurückbehalten. Der auf eine dieser 15.000 Nummern bei der Ziehung der ersten Klasse fallende Gewinn fließt also in die Kasse des Unternehmens. Bei jedem in das Publikum fallenden Gewinne wird dem Gewinner eines der nicht gezogenen, bisher von der Direktion gespielten Lose als Freilos für die folgenden Klassen ausgehändigt. Die Zahl der im Publikum vorhandenen Lose bleibt also nach der Ziehung unverändert, gleich 80.000; und die Direktion besitzt, da sowohl mit jedem in das Publikum, wie mit jedem zu ihren Gunsten fallenden Gewinne ihr eines der bis dahin gespielten Lose entzogen wird, nur noch 15.000 weniger 4000 oder 11.000 Lose, welche in der folgenden zweiten Klasse zu ihren Gunsten mitspielen.

Der Gang der folgenden Ziehungen ist jetzt leicht ersichtlich.

Mit jeder Klasse mindert sich die Zahl der von der Lotteriedirektion zu ihren Gunsten gespielten Lose um die Zahl der in dieser Klasse gezogenen Gewinne, während in den Händen des Publikums beständig 80.000 Lose bleiben. Da mit Abschluss der dritten Klasse insgesamt 15.000 Gewinne gezogen, also auch 15.000 Freilose verteilt wurden, ist die Direktion bei den Gewinnen der vierten Klasse nicht mehr beteiligt.

Suchen wir, wie groß bei den verschiedenen Ziehungen die mathematische Wahrscheinlichkeit eines Gewinns und die mathematische Erwartung, zu welcher der Besitz eines Loses berechtigt, ist. Bei der ersten Ziehung besitzt das Publikum 80.000, der Staat 15.000 Lose; und da sich die Gewinne im Allgemeinen gleichmäßig nach der Zahl der Lose verteilen, fallen von den möglichen 4000 Gewinnen 3369 aus das Publikum. Die Wahrscheinlichkeit, dass ein Los gewinnt, ist $^{4000}/_{95.000}$ oder 0,042.

Die gesamte Summe der für die erste Klasse ausgeworfenen Gewinne beträgt etwa 311.400 Mark, welche sich zwischen Staat und Publikum nach dem Verhältnis der gespielten Lose teilt. Hiernach fällt auf das Publikum eine Gewinnsumme von etwa 264.900 Mark; der im Mittel zu erwartende Gewinn beträgt also $^{264.900}/_{80.000}$ Mark. Multipliziert man diesen mittleren Gewinn mit der eben berechneten Wahrscheinlichkeit desselben, so ergibt sich als Wert der mathematischen Erwartung für die Ziehung der ersten Klasse Preußischer Lotterie 3 Mark 31 Pfg. Dies wäre der reelle Wert eines Loses, welches nur die Teilnahme an der ersten Klasse gestatten würde.

In genau gleicher Weise wird die Rechnung für die folgenden Ziehungen geführt. Auf die zweite Klasse fallen 5000 Gewinne mit einer Gewinnsumme von nahe 556.200 Mark, auf die dritte Klasse 6000 Gewinne mit 945.900 Mark. Bei der vierten Klasse, dem Eldorado aller Spieler, beteiligen sich nur die 80.000 Lose des Publikums an 28.000 Gewinnen, welche sich in folgender Weise verteilen: 23.630 Gewinne betragen 210 Mark, 2000 Gewinne 300 Mark, 998 Gewinne 600 Mark, 710 Gewinne 1500 Mark, 577 Gewinne 3000 Mark, 45 Gewinne 6000

Mark, 24 Gewinne 15.000 Mark, 8 Gewinne 30.000 Mark.

Endlich sind noch 8 Hauptgewinne von je 45.000, 60.000, 75.000, 90.000, 120.000, 150.000, 300.000 und 450.000 Mark.

In der folgenden kleinen Tabelle sind die mathematischen Wahrscheinlichkeiten und Erwartungen für die verschiedenen Klassen der Preußischen Lotterie zusammengestellt:

Klasse	I.	II.	III.	IV.
Wahrschein-lich-keit	0,04	0,06	0,07	0,35
Erwartung	3,31 Mk.	6,24 Mk.	11,00 Mk.	138,96 Mk.

Mit vollem Recht wird also vom Publikum die Ziehung der vierten Klasse als die maßgebende betrachtet. Nicht ohne Interesse ist es, die Wahrscheinlichkeit zu verfolgen, welche sich für ein Los an den verschiedenen Tagen bei der Ziehung vierter Klasse bietet. Da täglich 2000 Nummern gezogen werden, nimmt diese Ziehung 14 Tage in Anspruch. Die Wahrscheinlichkeit des Gewinnens für ein Los beträgt am ersten Tag $^{7}/_{20}$ also etwa $^{1}/_{3}$, und sinkt beständig, bis dieselbe für den letzten Tag auf den neunten

22

Teil, also auf $^1/_{27}$ gefallen ist. Aber diese Wahrscheinlichkeit allein bestimmt den Wert eines in den letzten Tagen zu verkaufenden Loses nicht. Um diesen zu finden, ist die mathematische Erwartung, zu welcher das Los den Inhaber berechtigt, also die Größe der noch nicht gezogenen Gewinne, zu berücksichtigen, wie auch das den Handel mit Lotterielosen treibende Publikum richtig ahnt.

Der Wert eines ganzen Loses, welches sich an sämtlichen Klassen beteiligt, bestimmt sich durch die Summe der mathematischen Erwartungen in den verschiedenen Klassen. Durch Addition der in der Tabelle hierfür angegebenen Werte findet sich 159 Mark 51 Pfg. Der Preis des Loses ist, einschließlich der Schreibgebühren, 160 Mark, also mit dem gefundenen reellen Werte fast übereinstimmend. Der Gewinn des Staates reduziert sich demnach auf die vom Gewinner eingezogenen Prozente; von jedem Gewinn sind an den Lottoeinnehmer 2%, an die Kasse der General-Lotterie-Direktion ist $13^5/_6\%$. zu zahlen. Hiernach stellt sich die Preußische Lotterie vom Standpunkte der Wahrscheinlichkeitsrechnung aus als ein durchaus reelles Unternehmen dar. Die erwähnte Abgabe an Staat und Lottoeinnehmer trägt den Charakter einer in den meisten Fällen wohl gern gezahlten Steuer. Ob es gerechtfertigt ist, dass der Staat Veranstalter eines derartigen Glücksspiels wird, ist eine Frage, die allerdings noch von anderen Gesichtspunkten, als demjenigen der Reellität des geführten Spiels, beurteilt werden muss, sich aber in einem Vortrag über die Prinzipien der Wahrscheinlichkeitsrechnung nicht entscheiden lässt. Im Vorstehenden wurde die Frage gestellt, mit welcher Wahrscheinlichkeit ein einziges bestimmtes Ereignis erwartet werden kann. Bei vielen Vorgängen lautet die Frage jedoch etwas verwickelter, nämlich, mit welcher Wahrscheinlichkeit man dem Eintreffen irgend eines Ereignisses bei einer gewissen Art von Erscheinungen entgegensehen darf. Ein Beispiel wird die Aufgabe deutlicher machen. Mit welcher Wahrscheinlichkeit darf ich hoffen, mit einem Würfel eine der Zahlen 1 oder 2 zu werfen? Offenbar sind unter den 6 überhaupt möglichen Würfen 2 meinem Vorhaben günstig, und daher die gesuchte Wahrscheinlichkeit $^2/_6$. Nun ist $^2/_6 = {}^1/_6 + {}^1/_6$, also die Wahrscheinlichkeit, 1 oder 2 zu erhalten, gleich der Summe der Wahrscheinlichkeiten, welches jedes dieser Ereignisse für sich bietet. Die Verallgemeinerung des in diesem Resultat liegenden Satzes ist klar. Vom bisher Gesagten wohl zu unterscheiden ist die Größe der Wahrscheinlichkeit, welche für das gleichzeitige Auftreten mehrerer Ereignisse gilt. Wie groß ist die Wahrscheinlichkeit, dass bei einem Spiel mit zwei Würfeln ein bestimmter Würfel eine 2, der andere eine 3 zeige?

Zwei Würfel können zu 36 verschiedenen Fällen, zu 36 verschiedenen Kombinationen der Zahlen 1 bis 6 Anlass geben.

Der Wurf (2, 3) kann nur auf eine einzige Art gebildet werden, und daher ist seine Wahrscheinlichkeit 1/36. Die Wahrscheinlichkeit, dass der erste Würfel eine 2 zeige, ist $^1/_6$; dass der zweite eine 3 gebe, ebenfalls $^1/_6$, und da $^1/_{36}$ gleich $^1/_6 \cdot {}^1/_6$, erkennt man, dass die Wahrscheinlichkeit für das gleichzeitige Eintreten der beiden Würfe das Produkt der Wahrscheinlichkeiten für die einzelnen Würfe ist. Das hier geführte Überlegen lässt sich allgemein durchführen und liefert folgenden Hauptsatz der Wahrscheinlichkeitsrechnung: Die Wahrscheinlichkeit für das gleichzeitige Auftreten mehrerer Ereignisse wird erhalten, indem man die Wahrscheinlichkeiten der einzelnen Ereignisse mit einander multipliziert.

Auf den bis jetzt aufgestellten Sätzen beruht das ganze System der Wahrscheinlichkeitsrechnung. Dürfen aber diese rein theoretischen Erörterungen, welche ohne Rücksicht auf die Ergebnisse tatsächlicher Vorgänge geführt wurden und nur auf der doch willkürlichen Erklärung der mathematischen Wahrscheinlichkeit beruhen, den Anspruch erheben, bei wirklichen Vorfällen berücksichtigt zu werden? Bei der Untersuchung über »die Preußische Lotterie wurde allerdings, vielleicht etwas voreilig, die Zustimmung hierfür in Anspruch genommen. Treten wir jetzt dieser wichtigen Frage, ob wir hoffen dürfen, dass eine theoretisch berechnete Wahrscheinlichkeit sich bei der wirklichen Ausführung der Erscheinungen wiederfinde, näher.

Die Wahrscheinlichkeit, mit einem Würfel eine bestimmte Zahl, etwa eine 1, zu werfen, ist $^1/_6$. Darf nun bei einem Spiel mit einem richtig gearbeiteten Würfel erwartet werden, dass der sechste Teil aller Würfe eine 1 zeige?

Es steht Jedem die Möglichkeit zu Gebote, diese Frage durch den Versuch zu lösen, und es wird sich im Allgemeinen keine Übereinstimmung zwischen jener Forderung und dem praktischen Ergebnis zeigen. Ja, wir können eine solche nach unseren Voraussetzungen gar nicht erwarten. Denn würde stets genau der sechste Teil der Würfe eine 1 bringen, so hätten wir einen gesetzmäßigen Vorgang und nicht ein durch rein zufällige Bedingungen hervorgerufenes Ereignis vor uns. Aber die Nichtübereinstimmung zwischen Rechnung und Beobachtung wird um so mehr schwinden, als die Zahl der geworfenen 1 sich dem sechsten Teile der überhaupt vorgekommenen Würfe um so mehr nähern, je größer die Zahl der Würfe wird. Und hierin liegt derjenige Satz der Wahrscheinlichkeitsrechnung, welcher die Anwendung derselben für das praktische Leben sichert, nämlich: Die mit Hilfe der mathematischen Wahrscheinlichkeit berechnete Zahl für die Möglichkeit eines Ereignisses stimmt um so mehr mit dem Ergebnis der Wirklichkeit überein, je größer die Zahl der Beobachtungen wird.

Dieser wichtige Satz lässt sich sowohl durch theoretische Untersuchungen, wie durch die praktische Beobachtung erweisen. Aufgestellt wurde er durch Jakob Bernoulli, der erste in der Geschichte auftretende Mathematiker des berühmten Gelehrtengeschlechts der Bernoulli's in Basel. weiches der Welt sieben berühmte Mathematiker schenkte, in welchem über zwei Jahrhunderte hindurch der Genius der Wissenschaft heimisch war.

Der Stammvater Jakob Bernoulli wurde durch den Tod an der Vollendung seines grundlegenden Werks über Wahrscheinlichkeitsrechnung, das den obigen Satz herleitete, gehindert. Nach seinem eigenen Geständnis hat er sich 20 Jahre mit der Herleitung dieses Satzes befasst. Doch erst 8 Jahre nach seinem Tod, 1713, wurde durch seinen Neffen Nikolaus Bernoulli das berühmte Werk, dem er sein Leben gewidmet hatte, die Ars conjectandi, die Kunst des Vermutens, dem Druck übergeben.

In dem Bernoulli'schen Satz spricht sich das Gesetz des Zufalls aus; nicht in einzelnen oder wenigen Fällen, nur in der Masse, im Durchschnitt einer großen Zahl von Beobachtungen tritt dasselbe auf. Deshalb hat der Mathematiker Poisson dasselbe auch als das Gesetz der großen Zahlen bezeichnet. Ein auffallendes, interessantes Beispiel für die Bestätigung dieses Gesetzes durch die Erfahrung lieferte Gauß, welchem die Ausbildung der Wahrscheinlichkeitsrechnung überhaupt viel verdankt. In Göttingen, wo Gauß von 1807 bis zu seinem 1855 erfolgten Tod der Sternwarte vorstand, hatte derselbe lange Zeit die Gewohnheit, allabendlich mit denselben drei Freunden Whist zu spielen und notierte einige Jahre hindurch, wie viele Asse jeder Teilnehmer in den verschiedenen Spielen hatte. Nach einer von Cantor wiedergegebenen Mitteilung zeigte sich, dass nahezu übereinstimmend oft ein Jeder von ihnen kein, ein, zwei, drei und vier Asse erhalten hatte und diese einzelnen Anzahlen auch das von der Wahrscheinlichkeitsrechnung vorgeschriebene Verhältnis boten.

Bisher wurde angenommen, die Wahrscheinlichkeit eines Ereignisses lasse sich stets theoretisch vorher, wie man sagt, a priori, bestimmen. Bei Glücksspielen wird dies in der Tat häufig der Fall sein; aber es ist doch kaum glaublich, dass die im Publikum verbreiteten und meist richtigen Annahmen über die Chancen eines Glücksspiels auf dein Wege theoretischer Erörterungen gefunden seien. Wenn zum Beispiel der bei Beginn des Vortrags eingeführte Handelsreisende bei seinem Spiel »drei Nummern unter hundert« den nahe richtigen Satz anwendet, dem gewinnenden Spieler das Vierfache des Einsatzes zu vergelten, so ist er hierzu nicht durch Rechnung, sondern durch Erfahrung oder Überlieferung geführt worden. Es hat sich eben durch außerordentlich viele Versuche gezeigt, dass im Durchschnitt unter 5 Spielen der Spieler viermal verliert. Eine Wahrscheinlichkeit, welche sich in dieser Weise erst nachträglich durch das Ergebnis zahlreicher Versuche ergibt, heißt Wahrscheinlichkeit a posteriori. Zu ihrer Bestimmung hat man die Anzahl der dem betrachteten Ereignis günstigen Vorkommnisse durch die Gesamtzahl der Versuche zu teilen. Diese Wahrscheinlichkeit a posteriori wird bei der Übersicht aller solchen Vorgänge benutzt, weiche zu so vielen Möglichkeiten Anlass geben oder deren Erzeugung zu wenig bekannt ist, als dass die Rechnung die Bildung der einzelnen Möglichkeiten verfolgen könnte. Selbstverständlich stimmt bei allen Vorgängen, deren Wahrscheinlichkeit theoretisch, also a priori aufgestellt werden kann, wie z. B. bei Würfelspielen oder der Preußischen Klassen-Lotterie, diese Wahrscheinlichkeit mit der durch zahlreiche Versuche oder Beobachtungen u posteriori gefundenen überein. In dieser Übereinstimmung liegt eben die Bedeutung des von Bernoulli aufgestellten Satzes über das Gesetz der großen Zahlen.

Ist einmal in irgend einer Weise, also entweder durch Rechnung oder Beobachtung, die Wahrscheinlichkeit eines Ereignisses ermittelt, so lässt sich, selbstverständlich immer unter der Beachtung des Bernoulli'schen Satzes, dass die Ergebnisse der Wahrscheinlichkeitsrechnung nur für die Masse der Ereignisse, nicht für den einzelnen Fall Geltung haben, diese Wahrscheinlichkeit bei weiterer Wiederholung des betreffenden Ereignisses verwerten. Auf diesem Verfahren beruht die wissenschaftliche Statistik, insbesondere die Bevölkerungsstatistik und das Versicherungswesen.

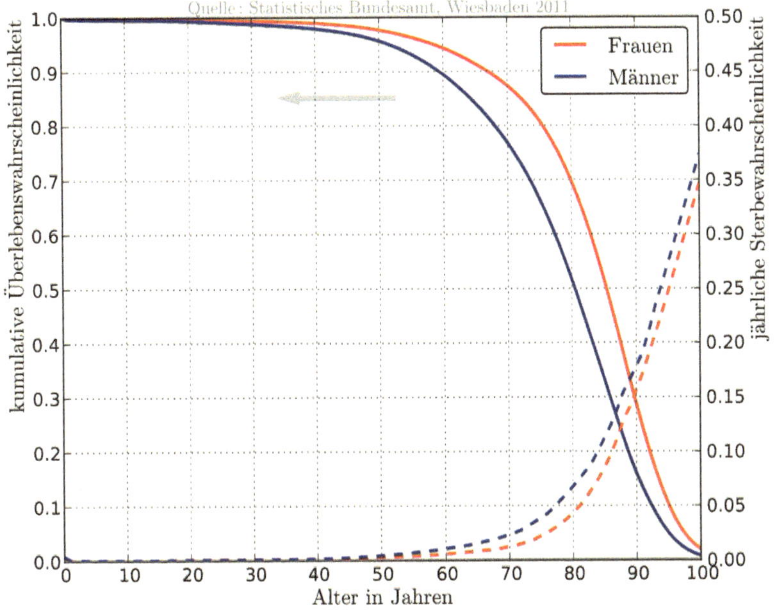

Grafische Darstellung der Sterbetafel 2008/10 des Statistischen Bundesamtes.

Die jährliche Sterbewahrscheinlichkeit ist für Männer (dunkelblau) und Frauen (rot) als gestrichelte Linie dargestellt (rechte y-Achse). Die sich hieraus ergebende kumulative Überlebenswahrscheinlichkeit ist auf der linken y-Achse über die durchgezogenen Linien aufgetragen. Die höhere Sterblichkeit für Männer führt insgesamt zu einer niedrigeren Lebenserwartung.

3. Die Grundlage der Lebensversicherung

Wir haben hiermit ein Gebiet betreten, dessen Bedeutung für unsere heutigen sozialen Verhältnisse unermesslich ist. Wohl nur sehr Wenige werden sich unter den Gebildeten unseres Volkes befinden, welche nicht in höherem oder geringerem Maße bei einer Versicherung beteiligt sind. Daher möge die Grundlage der Lebensversicherungen, die Bevölkerungsstatistik, hier eine kurze Erwähnung finden.

Der Begründer einer wissenschaftlichen Behandlung der Bevölkerungsstatistik ist Edmund Halley, hauptsächlich durch die von ihm zuerst gelehrte Berechnung einer Kometenbahn bekannt. Derselbe stellte 1693 die erste Vitalitätstabelle auf, d. h. die erste Tabelle, aus deren Zahlen man Schlüsse auf die Wahrscheinlichkeit ziehen konnte, dass in einem gewissen Alter stehende Personen noch eine angegebene Reihe von Jahren am Leben bleiben. Halley hatte die zum Entwurf seiner Tabellen nötigen Zahlenangaben den Registern der Stadt Breslau entnommen. Im Folgenden werde die Aufstellung einer solchen Tabelle angedeutet, wobei wir die in Wirklichkeit allerdings selten, zu Halley's Zeit aber für Breslau nahe geltende Annahme zulassen, dass der Bevölkerungszustand eine lange Reihe von Jahren unveränderlich sei, also die festbleibende

Zahl der jährlich stattfindenden Geburten mit derjenigen der Todesfälle übereinstimme. Den folgenden Ausführungen ist eine wirkliche, nach Beobachtungen im Königreich Sachsen aufgestellte Vitalitätstabelle zu Grunde gelegt.

Es seien also in einer abgeschlossenen Bevölkerungsgruppe während eines jeden Jahres 100.000 Kinder geboren worden, und nach den Zusammenstellungen der Standesämter im Laufe dieses Jahres 53.965 Kinder im Alter unter 10 Jahren gestorben, so sind 100.000 - 53.965 = 46.035 Kinder unter 100.000 Geburten vorhanden, welche das 10. Lebensjahr erreichen. Demnach ergibt sich, wenn wir den Bernoulli'schen Satz über das Verhältnis der großen Zahlen anwenden, als Wert der Wahrscheinlichkeit, dass ein Kind der von uns beobachteten Bevölkerungsgruppe sein 10. Lebensjahr zurücklege, $^{46.035}/_{100.000}$ oder, diese Zahl als Dezimalbruch geschrieben; 0,46035. Ferner finde sich durch statistische Zusammenstellungen, dass 56.682 Personen unter 20 Jahren im Laufe des Jahres ausgeschieden seien; so bestehen unter 100.000 Geburten 100.000 - 56.682 = 43.318, welche das 20. Lebensjahr zurücklegten, allerdings immer unter Wahrung der erwähnten Voraussetzung, dass während der letztverflossenen 20 Jahre der Bevölkerungszustand durchaus stationär blieb.

Die Wahrscheinlichkeit, dass ein Neugeborener sein 20. Jahr erreiche, ist also 0,43318. Die

Zahl der vor Beginn des 30. Lebensjahres Gestorbenen finde sich gleich 60.978, so haben 100.000-60.978=39.022 Seelen unter 100.000 Geburten ihr 30. Jahr angetreten, und demnach ergibt sich als Wert der Wahrscheinlichkeit, dass ein Neugeborener mindestens 30 Jahre alt werde, 0,39022. In gleicher Weise lässt sich die Tabelle, welche bei uns nach einem Intervall von 10 zu 10 Jahren weiterschreitet, fortsetzen und hiermit die Wahrscheinlichkeit bestimmen, dass ein Neugeborener ein bestimmtes Dezennium, also ein Alter von 10, 20, 30 Jahren u. s. w. erreiche. Doch greift die Anwendbarkeit unserer Tabelle hierüber noch weit hinaus. Es hatte sich gefunden, von 100.000 Geburten überleben 46.035 ihr 10. 43.318 ihr 20., 39.022 ihr 30. Lebensjahr u. s. w. Von 46.035 Personen, welche ihr 10. Lebensjahr erreicht haben, gelangen demnach 43.318 über die Schwelle des .20., 39.022 über die des 30. Jahres; und demnach ist die Wahrscheinlichkeit, dass eine 10-jährige Person nach 10 Jahren noch lebe, $^{43.318}/_{46.036}$=0,94098; und die Wahrscheinlichkeit, dass eine 10-jährige Person nach 20 Jahren noch lebe, $^{39.022}/_{46.035}$= 0,84766. Mit Hilfe unserer Tabelle lässt sich also allgemein die Wahrscheinlichkeit feststellen, welche dafür anzunehmen ist, dass eine in einem bestimmten Dezennium des Alters stehende Person nach Ablauf einer gewissen Anzahl von Dezennien noch lebe.

Die vereinfachenden Bedingungen, welche wir bei Verfolgung unseres Ideengangs,zu Grunde legten, fallen bei Aufstellung der in dem praktischen Leben zu verwertenden Tabellen fort. Die Zahl der Geburten und Todesfälle, überhaupt die Bevölkerung eines Landes wird nie für längere Zeit ungeändert bleiben.

Ferner dürfen die Tabellen nicht für ein Intervall von 10 zu 10 Jahren, sondern müssen von Jahr zu Jahr fortschreiten. Auch ohne in mathematische Untersuchungen einzugehen, wird man wohl erkennen. dass alle auf die Lebensdauer bezüglichen Ergebnisse um so genauer berücksichtigt werden können, je häufigere und genauere Aufstellungen man von dem Bevölkerungszustand in einem bestimmten Zeitmoment hat. Dem Bedürfnis dieser Aufstellungen dienen die großen Volkszählungen; und die Rechnung kann um so zuverlässigere Resultate aus ihren Ergebnissen auf die Wahrscheinlichkeit der Lebensdauer machen, je häufiger sich diese Volkszählungen wiederholen, je größere Massen sie umfassen, und je mehr genaue Angaben es ermöglichen. diese Massen in Gruppen gleichen Alters, gleichen Geschlechts, gleicher Beschäftigung und gleicher Lebensweise zu zerlegen. Jede neue Volkszählung bildet eine Probe für unsere Vitalitätstabellen; was die Beobachtung eines Venus-Durchgangs für unsere Kenntnisse der Zahlenverhältnisse im Sonnensystem, bedeutet eine Volkszählung für die Statistik.

Mit Hilfe der Vitalitätstabellen werden die Rechnungen der Lebensversicherungs-Gesellschaften ausgeführt und interessante Fragen über die Wahrscheinlichkeit gewisser Lebensverhältnisse beantwortet. Im Folgenden möge wenigstens eine Vorstellung über diese Anwendungen der Wahrscheinlichkeitsrechnung geweckt werden. Bei einem Ehepaar sei der Mann 40, die Frau 35 Jahre alt, so beträgt nach der bei unserer Betrachtung benutzten Vitalitätstabelle die Wahrscheinlichkeit, dass der Mann noch 10 Jahre lebe. 0,83. dass die Frau nach dieser Zeit noch am Leben sei, 0,87. Wir werfen folgende Fragen auf: .

1) Wie groß ist die Wahrscheinlichkeit, dass Beide noch 10 Jahre leben, also die Ehe noch 10 Jahre dauere? Da zwei Ereignisse gleichzeitig stattfinden, nämlich Mann und Frau sich beide noch nach 10 Jahren des Daseins freuen sollen, ist die gesuchte Wahrscheinlichkeit das Produkt ans den Wahrscheinlichkeiten der einzelnen Ereignisse, also $0{,}83 \cdot 0{,}87 = 0{,}72$.

2) Wie groß ist die Wahrscheinlichkeit, dass die Ehe nach 10 Jahren durch den Tod getrennt, also wenigstens einer der Ehegatten aus dem Leben geschieden sei?« Entweder besteht die Ehe nach 10 Jahren, oder sie hat geendet. Die Summe aus den Wahrscheinlichkeiten für diese beiden Ereignisse ist daher, da eines dersel-

ben jedenfalls eingetreten ist, die Gewissheit, 1; und demnach die Wahrscheinlichkeit, dass die Ehe aufgehört habe, 1- 0,72 = 0,28.

3) Wie groß ist die Wahrscheinlichkeit, dass nach 10 Jahren der Mann, oder die Frau, oder beide, also jedenfalls einer der Ehegattten noch lebe? Die Wahrscheinlichkeit, dass nach 10 Jahren der Mann gestorben, beträgt 1 - 0,83 = 0,17, diejenige, dass nach dieser Zeit die Frau tot sei, 1-0,87 = 0,13; und demnach die Wahrscheinlichkeit, dass beide Ehegatten nach 10 Jahren aus dem Leben geschieden seien, 0,17 · 0,13 = 0,022. Hieraus folgt für die Wahrscheinlichkeit, dass nicht jeder der beiden Ehegatten nach 10 Jahren gestorben, sondern mindestens noch einer derselben am Leben sel, in gleicher Weise wie bei der zweiten Frage 1 - 0,022 = 0,978. Demnach darf man, selbstverständlich unter der Voraussetzung eines normalen Zeitlaufs, fast als gewiss annehmen, dass die Kinder nach 10 Jahren nicht ohne jede elterliche Stütze seien.

In diesen Betrachtungen wurden für die Behandlung der rätselhaftesten, unaufgeklärtesten aller Erscheinungen dieselben Gesetze verwandt, wie sie die Wahrscheinlichkeit für nur vom Zufall beherrschte Vorfälle, z. B. für das Würfelspiel, aufstellt.

Ist man aber wirklich berechtigt, Leben und Tod eines Menschen in gleicher Weise als einen rein zufälligen Vorgang aufzufassen, wie das Fallen einer bestimmten Nummer im Würfelspiel? —Die Dauer eines Lebens ist durch die Konstitution, das Temperament, die Lebensweise, durch den Stand der allgemeinen Gesittung bestimmt. Jede dieser Einwirkungen ist jedoch keine solche, dass sich hieraus mit scharfer Sicherheit das Alter eines Individuums bestimmen ließe. Denn in jenen Namen greifen wir eine Unzahl von Ursachen, teils bekannter, meistenteils jedoch unbekannter Natur zusammen, welche in einer für uns unaufgeklärten oder doch mathematisch nicht darstellbaren Weise das Lebensalter bedingen. Alle diese, auf eine bestimmte Person wirkenden Einflüsse sind in ihrer Intensität und der Art ihres Auftretens zum großen Teil durch das Alter, welches diese Person schon erreicht hat, bestimmt; das Lebensalter. welches eine bestimmte Person erreichen wird. oder auch die Beantwortung der Frage, ob diese Person nach einer bestimmten Reihe von Jahren noch leben wird, hängt also im Allgemeinen, auch in streng mathematischem Sinne, vom Alter, welches diese Person glücklich erreicht hat, ab. Wenn nun die Annahme erlaubt ist, dass alle übrigen Einwirkungen als rein zufällige auftreten, sich also kein Beweis dafür erbringen lasse, dass diese Ursachen aus die Verlängerung oder Verkürzung des Lebens über oder unter ein mittleres Maß in ungleichmäßiger Weise wirken, so sind wir allerdings berechtigt, die Wahrscheinlichkeitsrechnung bei Fragen über die Lebensdauer in der geschehenen Weise anzuwenden.

Stellen wir das Gesagte durch ein Beispiel klar. Die Summe, welche drei aus den Nummern 1 bis 90 blindlings gezogene Zahlen ergeben, hängt hauptsächlich ab von der Anzahl der Kombinationen, in welcher sich diese Summe durch die Addition je dreier Zahlen von 1 bis 90 bilden lässt. Außerdem wirken noch viele andere, äußerst verwickelte Ursachen, welche in der Anordnung der 90 Nummern und in der persönlichen Disposition des Spielers liegen, mit. Da aber diese letzten Ursachen alle als rein zufällige auftreten, also kein Grund bekannt ist, nach welcher dieselben einen Zug vorzugsweise begünstigen oder ausschließen sollten, dürfen wir aus das geschilderte Spiel die Gesetze «der Wahrscheinlichkeit anwenden. Das Gleiche gilt für das Lebensalter des Menschen. Ist bei jedem Menschen das schon erreichte Alter der Hauptfaktor, nach welchem sich die fernere Lebensfähigkeit richtet, und treten alle übrigen Einwirkungen als rein zufällige auf, die eben sowohl in günstigem wie in ungünstigem Sinne wirken können. so haben wir das gleiche Recht zur Anwendung der Wahrscheinlichkeitsrechnung, wie bei dem erwähnten Spiel »drei Nummern unter 100«; nur dass wir die Wahrscheinlichkeiten nicht wie bei diesem Glücksspiel durch theoretische Betrachtungen a priori, sondern durch Beobachtungen a posteriori bestimmen. Ebenso lässt sich die entscheidende Frage, ob in der Tat alle Einflüsse mit Ausnahme des erreichten Alters als rein zufällige aufzufassen seien. nicht durch spekulative Betrachtungen, sondern nur durch die Übereinstimmung der mit Hilfe der Wahrscheinlichkeitsrechnung erhaltenen Resultate mit späteren Beobachtungen erweisen.

Diese Beobachtungen sind seit etwa Anfang des 17. Jahrhunderts mit Hilfe der Zahlen, welche die Bevölkerungsstatistik zivilisierter Länder gewährt, für diese angestellt worden und haben gezeigt, dass bei zivilisierten Völkern in der Tat alle Einflüsse mit Ausnahme des erreichten Alters und desjenigen Einflusses, welcher sich durch die fortschreitende Höhe der Zivilisation ergibt, als zufällige aufgefasst werden müssen. Durch die Änderung der Lebensweise und die Sorge für Reinlichkeit, welche die fortschreitende Gesittung bedingt, wird die Lebensdauer der verschiedenen Altersklassen etwas geändert; da aber dieser bis jetzt noch nicht genau erkannte Einfluss ein geringer, und außerdem sich derselbe bei den Massen nur nach längerer Zeit merklich ändern kann, darf derselbe vernachlässigt und die Lebensdauer bei Betrachtung großer Bevölkerungsgruppen als Funktion der Wahrscheinlichkeit angesehen werden.

4. Können Verbrechen vorhergesagt werden?

Wie sehr sich bei der Vergleichung umfassender Massen die Wirkungen der Individualität ausgleichen und wie gerechtfertigt es ist, in vielen menschlichen Handlungen Erscheinungen zu erblicken, welche sich nach den Gesetzen der Wahrscheinlichkeitslehre vollziehen, zeigt die überraschende Regelmäßigkeit, welche uns in normalen Zeiten die Kriminalstatistik im Gefüge der Verbrechen nach Art derselben, nach Alter und Geschlecht der Täter nachweist, eine Regelmäßigkeit, welche den berühmten Statistiker Belgiens, Quetelet, zu dem Ausspruch veranlasste: »Es gibt ein Budget, welches mit erschütternder Regelmäßigkeit gezahlt wird, dies ist das Budget des Gefängnisses, der Galeere und des Schaffots!«

Dieser Ausspruch ist allerdings mit großer Vorsicht aufzunehmen. Denn nicht nur bedarf jede Anwendung der Wahrscheinlichkeitsrechnung auf das Gesellschaftsleben des Menschen der beständigen Kontrolle durch die Erfahrung, wodurch sich schon oft eine behauptete Regelmäßigkeit als Täuschung erwies; sondern vor Allem hat man die von rohem Materialismus verfochtene Meinung zurückzuweisen, als ob die Zahl der Diebstähle, der Morde und anderer Verbrechen, welche nach diesen Ergebnissen der

Statistik auf eine Bevölkerungsgruppe fallen, die Folge eines über Alle herrschenden unabänderlichen Fatums sei, welches sich unberührt von menschlichem Wirken und Können vollziehe, diejenige Eigenschaft der menschlichen Natur, welche man die Freiheit des Willens nennt, aufhebend. Nur das ist zu folgern, dass im Allgemeinen auch der Wille des Menschen seine Entschlüsse nicht unabhängig von äußeren, auf ihn einwirkenden Umständen fasst. Der Wille des Menschen erscheint fast nie, und am wenigsten bei für sein Geschick wichtigen Ereignissen, als reine Willkür, die, losgelöst von der Außenwelt, ohne Rücksicht auf diese sein Wirken bestimmt. Die häufigere Wiederholung solchen Willens kennzeichnet den Wahnsinn. Der sogenannte freie Willen des normalen Menschen tritt vielmehr nur als die Befugnis aus, zwischen verschiedenen Möglichkeiten eine Wahl zu treffen. Möglich sind viele Wahlen. aber deshalb ist nicht für jede derselben gleiche Wahrscheinlichkeit vorhanden. Diese wird durch die mehr oder weniger scharfe Abwägung aller für und wider einen Entschluss sprechenden Folgen, durch Gewohnheit und äußere Beeinflussung bestimmt und somit die Wahrscheinlichkeit einen oder den andern Beschluss zu fassen, eine sehr verschiedene. Wenn wir daher Massen der Gesellschaft betrachten, die groß genug sind, um in denselben alle Möglichkeiten, welche auf die Fassung eines Beschlusses wirken können, vielfach anzutreffen, dürfen wir uns nicht wundern, wenn das Ergebnis im Großen und Ganzen den Bedingungen der Wahrscheinlichkeitslehre entspricht Wenn Jemand 6000 mal mit einem richtigen Würfel wirft, wird er jede der Zahlen 1 bis 6 etwa 1000 mal erhalten. Aus dieser Regelmäßigkeit eines nur den Gesetzen der Wahrscheinlichkeit unterliegenden Spiels folgt jedoch nicht, dass der Spieler falsch, sondern umgekehrt, dass er richtig gespielt habe; und in gleicher Weise folgt aus der festen Quote, welche die Geburt, das Verbrechen, der Tod, kurz, so viele Erscheinungen im Menschenleben zeigen, kein falsches Spiel, d. h. hier das Walten eines für den Menschen unabänderlichen, vorher bestimmenden Fatums, sondern umgekehrt das Spiel des Zufalls, die Möglichkeit der freien Wahl, welche allerdings durch äußere Verhältnisse, besonders durch die Zustände innerhalb der menschlichen Gesellschaft, beeinflusst und hierdurch zu einer mehr oder minder wahrscheinlichen gemacht wird.

Wie aber, wenn bei 6000 Würfen nicht jede Zahl etwa 1000 mal auftreten, wenn eine statistische Tatsache auch bei Betrachtung großer Massen keine bestimmte Regelmäßigkeit zeigen sollte? Fallen bei einem Würfelspiel die verschiedenen Nummern — immer eine sehr große Zahl von Würfen vorausgesetzt — nicht gleich oft, sondern ein oder mehrere Zahlen in weit überwiegendem Maße, so schließen wir, der Würfel sei falsch, d. h. außer dem Zufall wirkt die Lage des Schwerpunktes gesetzmäßig auf die erscheinenden Nummern ein. Unter gewissen Voraussetzungen, wenn uns z. B. die Gestalt des Würfels genau bekannt ist, wird es sogar möglich, aus der Zusammenstellung der in verschiedener Anzahl erscheinenden Nummern auf die Lage des Schwerpunkts im Würfel zu schließen, also diejenige Ursache, welche die Abweichung von den Gesetzen der Wahrscheinlichkeit bewirkt, zu ergründen. Die Übertragung auf statistische Zusammenstellungen ergibt sich sofort. Wo die statistische Sonderung der Erscheinungen seine festen, sondern wechselnde Zahlen liefert, wird die Erscheinung nicht nur durch zufällige, sondern auch durch gesetzmäßig auftretende Gründe bestimmt, deren Wirkungen in der Massenbeobachtung sichtbar werden. Und wie sich vorhin die Aufgabe stellte, den Schwerpunkt des Würfels zu finden, tritt jetzt die Forderung aus, aus dem statistischen Material jene sich in der Masse nicht verlierende Ursache zu ermitteln.

Die Verwendung der Wahrscheinlichkeitsrechnung zur Lösung derartiger Aufgaben wird bereits durch die beiden ältesten Bernoulli's angedeutet; doch erst dem Genie des Laplace gelang es, die Hilfsmittel der Rechnung zur Bewältigung solcher Fragen auszubilden. Eine der interessantesten Lösungen, welche Laplace durch die Anwendung der Wissenschaft des gesunden Menschenverstandes — wie er die Wahrscheinlichkeitsrechnung nennt auf derartige Aufgaben erhielt, werde im Folgenden mitgeteilt.

Bereits seit etwa dem Ende des 18. Jahrhundert ist den Statistikern bekannt, dass mehr Knaben wie Mädchen geboren werden. Folgerungen über das Überwiegen eines Geschlechts dürfen an diese Tatsache nicht angeknüpft werden, da Knaben und Mädchen in verschiedenen Gegenden der Sterblichkeit in sehr verschiedenem Grade ausgesetzt sind. Das Überwiegen der Knabengeburten findet jedoch allgemein statt; so werden im deutschen Reich auf 100 Mädchen etwa 106 Knaben geboren. Laplace, welcher dieses Verhältnis zu Beginn des Jahrhunderts für Frankreich aufsuchte, fand, dass für alle Departements, die genaue Geburtslisten liefern konnten, sich die Geburten der beiden Geschlechter wie 22:21 verhielten. Eine Ausnahme bildete nur Paris, für welche Stadt sich ein Verhältnis 25:24 vorfand. Der Unterschied der beiden Verhältnisse schien dem sorgsamen Mathematiker groß genug, um der Ursache desselben nachzuspüren. Durch eine geschickte Rechnung fand derselbe, dass man mit einer Wahrscheinlichkeit gleich 238:239, also mit nahezu voller Gewissheit, behaupten könne, diese Abweichung der Verhältnisse finde in keinem Zufall, sondern in einer gesetzmäßig wirkenden Ursache ihre Begründung. Es gelang ihm, diese Ursache zu ermitteln. Die dem Findelhaus in Paris zugeführten Kinder riefen für Paris die aufgefallene Ausnahme hervor. In dieses wurden auch Kinder aufgenommen, welche außerhalb der Stadt geboren waren, und zwar, wie die Listen der Anstalt zeigten, zumeist Mädchen.

Hierdurch wurde bei Einrechnung der Findelkinder ein abweichendes Geburtsverhältnis hervorgerufen. Als die Findelkinder aus der Rechnung fortgelassen wurden, ergab sich für Paris dasselbe Verhältnis, wie für die übrigen Departements.

Gewiss lockt das Beispiel des berühmten Mathematikers, welcher die scheinbare Ausnahme bei einer statistischen Regel durch eine regelmäßig wirkende Ursache erklärte, dazu an, auch auf anderen Gebieten der Statistik das Gleiche zu versuchen. Wohl wäre es z. B. hoch bedeutsam, in dieser Weise einen bestimmten, durch Zahlenangaben als unanfechtbar hingestellten Grund für die entsetzliche Steigerung der Verbrechen gegen Leben und Sicherheit in den letzten Jahren, welche das Bedenken aller Patrioten hervorruft, aufstellen zu können Aber jeder Versuch, in dieser Weise Aufklärung über Erscheinungen der Gesellschaft zu gewinnen, bedarf der äußersten Vorsicht.

Keine Erscheinung ist hier mit genügender Sicherheit theoretisch herleitbar, jede Voraussetzung, jede Annahme wird nur durch die Beobachtung gewonnen. Daher bedarf auch jedes Rechnungsresultat des nachträglichen Beweises durch die praktische Erfahrung. Aber die bisherigen Erfahrungen der Statistik sind nicht nur räumlich wie zeitlich im Vergleich zur Masse der uns berührenden Erscheinungen gering, sondern sie erstrecken sich auch meist aus schwer übersehbare Kombinationen der den Menschen beeinflussenden Verhältnisse. Das Mittel, durch welches die Naturwissenschaft zur Blüte gelangte, das Experiment, ist dem Statistiker versagt, da jeder mit Massen angestellte Versuch, wenn er überhaupt möglich ist, schwere Gefahren birgt. Daher ist er gezwungen, sich an die Ergebnisse zu halten, welche die Erscheinungen der ungeschichteten, in so verwickeltem Zusammenhang stehenden wirklichen Gesellschaft bieten.

Er steht ihren Bewegungen gegenüber wie ein Physiker, dem die einfachen Gesetze der Flüssigkeiten und Gase unbekannt wären, verwickelten meteorologischen Prozessen. Daher ist die Ausbeute, welche die Wahrscheinlichkeitsrechnung bisher zur Aufklärung gesellschaftlicher und speziell wirtschaftlicher Streitfragen liefern konnte, gering, wie die Parteikämpfe der Gegenwart, die noch immer nicht geklärten Ansichten über scheinbar so einfache wirtschaftliche Fragen, wie über Freihandel und Schutzzoll, zeigen.

Aber eine wissenschaftliche Statistik ist doch der einzige Faden, welcher uns, allerdings nur bei Beachtung der größten Vorsicht, in diesem Labyrinth verworrener Ansichten und Erscheinungen zurecht leiten kann. —

5. Anwendung der Vorhersagen auf dem Gebiet der Naturwissenschaft

Größer sind die Triumphe, welche unsere Rechnung bei der Anwendung auf die Naturwissenschaften errungen hat. Durch ihre Benutzung erreichen die Beobachtungen einen Grad der Genauigkeit, welcher uns nicht nur über die Unvollkommenheit unserer Sinnesorgane hinweghebt, sondern sogar in manchen Fällen erlaubt, die Ungenauigkeit derselben durch Zahl und Maß festzustellen. Im Jahre 1809 veröffentlichte Gauß, der Fürst der Mathematiker, wie er wegen des Reichtums seiner Arbeiten auf so vielen mathematischen Gebieten. wegen der Schärfe seiner Beweise und wegen der Anwendungen, welche seine physikalischen Arbeiten im praktischen Leben fanden, genannt wurde. in seinem unsterblichen Werk Theoria motus corporum coelestium (Bewegungstheorie der Himmelskörper) eine Methode, durch Vervielfältigung der Beobachtungen die Schärfe der Messung zu erhöhen. Ähnliche Ideen, wenn auch nicht in der Vollständigkeit wie Gauß, behandelten Legendre und Laplace um etwa dieselbe Zeit. Der Zweck und das Prinzip der von diesen Forschern verwendeten Methode kann durch ein einfaches Beispiel gezeigt werden. Die Länge einer Strecke soll durch direkte Messung ermittelt werden; man beruhigt sich jedoch nicht mit einer einmaligen Messung, sondern diese wird viermal unter Aufwendung stets gleicher Sorgfalt und mit denselben oder doch, soweit wir zu urteilen vermögen, gleich genauen Apparaten wiederholt.. Die Resultate dieser Messungen seien:

12,342 m, 12,351 m, 12,346 m, 12,349 m; so wird man, selbst wenn man mit keiner Theorie der Fehlerausgleichung bekannt ist, als wahrscheinlichstes Resultat dieser Messungen das arithmetische Mittel der vier Beobachtungen, also $(12{,}342+12{,}351+12{,}346+12{,}349){:}4 = 12{,}347$ m setzen. Dieses alte Verfahren, welches ein gewisser mathematischer Instinkt jeden Praktiker bei derartigen Messungen anwenden lässt, erfährt in der von Gauß entwickelten Methode seine Erklärung und Erweiterung auf schwierigere Probleme der Beobachtung. Keine Messung, welcher Art sie auch sei, ist absolut genau; die sie beeinflussenden Fehler setzen sich aus den verschiedenartigsten Ursachen zusammen. Teils liegen sie in gewissen kleinen Konstruktionsfehlern selbst der best gebauten Instrumente, teils in äußeren, der direkten Rechnung nicht zugänglichen, meist meteorologischen Vorgängen, teils in Unvollkommenheiten oder momentanen Trübungen unserer Sinne. Eine Trennung dieser verschiedenartigen Fehlerquellen ist fast niemals möglich; um ihren Einfluss dennoch aus den Beobachtungen auszuscheiden, wendet die Theorie folgendes Verfahren an: Man denkt sich jede Beobachtung von

zwar sehr kleinen, aber außerordentlich vielen
Störungen beeinflusst, welche eben so gut nach
der einen, wie nach der anderen Richtung ein-
wirken, oder, wie die mathematische Ausdrucks-
weise sagt, absolut gleich, aber bald positiv, ·
bald negativ auftreten können. Jeder bei der
Messung sich wirklich einstellende Fehler entsteht nach dieser Grundannahme durch eine
Kombination jener positiven und negativen Fehler; nach der Art dieser Kombinationen werden
daher verschieden große Fehler in verschiedener
Zahl auftreten müssen. Nehmen wir an, dass bei
jeder Messung 100 Grundfehler auftreten, deren
jeder die absolute Größe f habe und das Messre-
sultat bald vergrößern, bald verkleinern könne.
Die größte Überschreitung des richtigen Resultate, bei welchem alle Fehler nach gleicher posi-
tiver Richtung zusammenwirken müssen, ist
100f. Dieser Fehler kann nach unserer Theorie
nur einmal vorkommen. Der nächst-kleinere
mögliche Fehler ist 98f. Er entsteht, wenn 99
unserer elementaren Fehler f als positiv, einer
derselben als negativ auftreten; und da jeder der
100 elementaren Fehler als negativ auftreten
kann, wenn wir das Walten des absoluten Zufalls bei der Bildung unserer Fehler vorausse-
hen, kann der Fehler 98f in 100 verschiedenen
Weisen gebildet werden. Demnach ist die Wahrscheinlichkeit für das Auftreten des Fehlers 98f
100 mal so groß wie die, dass sich der Fehler
100f vorfinde. Der nächstkleinere Fehler ist 96f,
durch 98 positive und 2 negative Grundfehler

gebildet. Eine einfache Rechnung ergibt, dass dieser Fehler in 4950 verschiedenen Weisen entstehen kann. Wir erkennen schon, dass nach unserer Theorie der Fehlerbildung sich für das Auftreten der verschiedenen Fehler verschiedene, durch die Rechnung bestimmbare Wahrscheinlichkeiten ergeben und sich daher, die Übereinstimmung unserer Theorie mit der Erfahrung vorausgesetzt, in einer größeren Zahl von Beobachtungen jeder Fehler in einer ganz bestimmten Anzahl vorfinden muss. Da sich also die Abweichungen der gefundenen Beobachtungsresultate vom wirklich richtigen Wert nach einem bestimmten Gesetze gruppieren, wird es durch Beachtung dieses Gruppierungsgesetzes auch möglich, den richtigen oder vielmehr, da wir immer nur mit Möglichkeiten und Wahrscheinlichkeiten, nie mit Gewissheiten operieren, den wahrscheinlichsten Wert der gesuchten Größe aus den fehlerhaften Beobachtungen zu finden. Die Entwicklung der Rechnung führt auf die Bedingung, dass diejenige Größe die wahrscheinlichste sei,· für welche die Summe aus den Quadraten der Abweichungen zwischen ihr und den einzelnen Beobachtungen, also die Summe der Fehlerquadrate, möglichst klein sei. Dieser Folgerung verdankt das Verfahren feinen Namen als »Methode der kleinsten Quadrate«. Das Prinzip des arithmetischen Mittels, wie es vorhin an dem Beispiele einer Längenmessung erläutert wurde, stellt sich als eine einfache Folgerung unserer Theorie dar; und umgekehrt wird es, wie Gauß nachgewiesen hat, möglich, die ganze Theorie über die Verteilung der Fehler aufzubauen, wenn der Gebrauch des arithmetischen Mittels als richtig zugestanden wird.

Diese auf rein abstrakten Ideen aufgebaute Theorie über die Entstehung und Verteilung der Fehler darf natürlich erst, wenn ihre Brauchbarkeit in ausreichendem Maße durch Vergleich ihrer Resultate mit denen der Beobachtung bestätigt wird, den Messungen der Praxis zu Grunde gelegt werden. Diese Probe ist nun für neuere. wie ältere Beobachtungen vielfach in sorgsamster Weise ausgeführt worden. So hat z. B. der bekannte Astronom Bessel 470 Beobachtungen eines Sternorts, welche von Bradley zu Anfang des achtzehnten Jahrhundert ausgeführt wurden, einer Prüfung unterzogen. Der Vergleich zwischen Theorie und Erfahrung stellte sich wie folgt:

Fehler in 1/10 Winkelsekunden zwischen:	Anz. Nach der Theorie	Anz. Nach der Erfahrung
0 und 1	95	94
1 und 2	89	88
2 und 3	78	78
3 und 4	64	58
4 und 5	50	51

Fehler in 1/10 Winkelsekunden zwischen:	Anz. Nach der Theorie	Anz. Nach der Erfahrung
5 und 6	36	36
6 und 7	24	26
7 und 8	15	14
8 und 9	9	10
9 und 10	5	7
Über 10	5	8
Summe der Beobachtungen	470	470

Die in diesem, wie in so manchem andern Beispiel gefundene Übereinstimmung darf nicht nur als die schönste Bestätigung der durch die Theorie der kleinsten Quadrate erhaltenen Resultate, sondern überhaupt als ein Beweis für die Richtigkeit der in der Wahrscheinlichkeitsrechnung benutzten Prinzipien betrachtet werden.

Mit Hilfe dieser Methode, welche hauptsächlich auf astronomische Beobachtungen angewendet wird, erreichten die Bestimmungen für die Bewegungen der Gestirne einen außerordentlichen Grad der Schärfe. Wenn es der Wissenschaft eines Adams und Leverrier's möglich geworden ist, aus den geringen Störungen; welche der Planet Uranus zeigte, aus den geringen Abweichungen, um welche er sich bei seinem Laufe von der berechneten Bahn entfernte, mehrere bestimmende Elemente eines bis dahin von keinem Sterblichen beachteten Planten zu entdecken und der Beobachtung den Ort am Himmel anzugeben, wo sich das bis dahin nur geistig erkannte Gestirn auch dem körperlichen Auge zeigte, wenn es dem Menschen gelungen ist, in dieser Umfassung den Gedanken der Schöpfung zu erkennen, hat er der Anwendung der Wahrscheinlichkeitsrechnung nicht zum Mindesten diesen Erfolg zu danken. Ja, diese Methode der Beobachtung macht es uns sogar durch Rückschlüsse auf die Natur der auftretenden Fehler möglich, Erfahrungen über die Wirkungsweise unserer Sinne zu ermitteln. Unsere Theorie lehrt, die Abweichungen, welche sich in den Beobachtungsfehlern aussprechen, nach der Größe ihrer Zahlenwerte in gewisse Gruppen zerlegen.

Falls diese Gruppen bedeutend von der durch die Theorie der Wahrscheinlichkeit geforderten Ausdehnung abweichen, liegt ein Anzeichen vor, dass außer zufälligen Einflüssen sich andere, welche nach bestimmter Regel wirken, geltend machen. In der zweiten Hälfte des vorigen Jahrhunderts musste ein Assistent der Sternwarte zu Greenwich entlassen werden. weil derselbe so bedeutende Beobachtungsfehler beging, dass seine Verwendung ungeeignet erschien. Wenige

Jahrzehnte später wurde in diesem Vorkommnis nur eine besonders auffällige Bestätigung jener, in der Organisation eines jeden Beobachters begründeten Ursache zu fehlerhaften Beobachtungen erkannt, welche heute bei allen feineren Untersuchungen als die persönliche Gleichung des Beobachters Berücksichtigung findet. Unter dieser persönlichen Gleichung versteht man diejenige Abweichung in der Tätigkeit der Sinnesorgane bei verschiedenen Personen, infolge deren sie zur Auffassung desselben Ereignisses durch Gesicht und Gehör verschiedene Zeit brauchen. Von zwei Beobachtern die unter gleichen Umständen den Durchgang eines Sterns durch das Fadenkreuz eines Fernrohrs beobachten, bemerkt der eine diesen Moment in Bezug aus den Schlag einer Pendeluhr etwas früher als der andere.

Dieser Unterschied in den Bewusstseins-Empfindungen der beiden Beobachter heißt ihre persönliche Gleichung. Dieselbe bleibt bei zwei geübten Beobachtern ziemlich konstant, kann aber bis zu einer halben Sekunde steigen. In enger Verbindung mit ihr steht die sogenannte physiologische Zeit, welche die Zeitdauer angibt, die zwischen einem äußern Eindruck und einer hierdurch so schnell wie möglich veranlassten Aktion verfließt und deren Bestimmung in neuester Zeit der Gegenstand zahlreicher, interessanter Versuche geworden ist. So hat das in der Astronomie gesammelte und mittelst der

Wahrscheinlichkeitsrechnung geordnete Material der Beobachtungsfehler einen Anlass zur Entdeckung und Ausbeute wichtiger physiologischer Tatsachen gegeben. Je zahlreicher derartige Fehlerbeobachtungen vorliegen und auf je weitere Zeiträume sich dieselben für das einzelne Individuum verteilen, desto eher dürfen wir hoffen, auch an ihnen Gesetzmäßigkeiten zu entdecken, welche vielleicht eine spätere Generation zur charakteristischen Wertschätzung für die sachliche Tüchtigkeit des Beobachters verwendet. Die vom einzelnen Individuum in der Gesellschaft und bei der Beobachtung gemachten Fehler bilden dessen spezielle Statistik.

Aber die Wahrscheinlichkeitsrechnung hat uns nicht nur befähigt, ein scharf gesichtetes Beobachtungsmaterial zu erwerben und an diesem die Richtigkeit der von uns aufgestellten Naturgesetze zu prüfen; sondern in den letzten Jahrzehnten ist sie selbst als Deuterin der Erscheinungen aufgetreten und hat eine Anzahl bis dahin unvermittelter Gesetze als Wirkungen derselben Ursachen erklärt. In der dynamischen Theorie der Gase lehrt die Wahrscheinlichkeitsrechnung, alle uns bekannten Gesetze der Gase aus denen des absoluten Zufalls zu ermitteln.

Die ersten Anfänge dieser Theorie reichen merkwürdiger Weise bis aus die Zeit der Begründung der Wahrscheinlichkeitsrechnung zurück. In der zweiten Hälfte des siebzehnten Jahrhunderts hatten die Forscher Boyle und Mariotte das Gesetz entdeckt, nach welchem zusammengedrückte oder ausgedehnte, auf einen kleineren oder größeren Raum gebrachte Luft den Druck auf die Wände des sie einschließenden Gefäßes ändert. Das Resultat dieser Versuche liefert ein überraschend einfaches, unter dem Namen Mariotte's bekanntes Gesetz. Der Druck der Luft oder überhaupt eines beliebigen Gases ändert sich im umgekehrten Verhältnis, wie das von ihr eingenommene Volumen, vorausgesetzt, dass die Temperatur des Gases stets dieselbe bleibe. Daniel Bernoulli, ein Neffe des bereits erwähnten Verfassers der Ars conjectandi, tüchtig als Arzt, berühmt als Mathematiker, suchte in seiner im Jahre 1758 erschienenen Hydrodynamik dieses merkwürdige Gesetz der gasförmigen Körper durch Annahme über ihre atomistische Konstitution zu erklären. Denn das im Mariotte'schen Gesetz ausgedrückte Verhalten der gasförmigen Körper, nach welchem diese einen von ihrem Eigen[Page: 37] zustand abhängigen Druck auf die sie umschließenden Wände üben, ist gewiss ein höchst eigentümliches; es tritt dies noch deutlicher hervor, wenn man an die Eigenschaften der festen und flüssigen Körper denkt, welche auf den ersten Blick nichts Analoges zeigen. Unserer Generation ist durch die vielfachen Anwendungen des Mariotte'schen Gesetzes, durch den Gebrauch, welche das praktische Leben von den Eigenschaften der verschiedensten Gase macht, das Gefühl der Verwunderung über die merkwürdigen Erscheinungen der gasförmigen Körper sehr gemindert.

Zu Zeiten Daniel Bernoulli's aber, wo nur wenige Gase bekannt waren und man eben begonnen hatte, ihre eigentümlichen Eigenschaften zu studieren, trat dies Gefühl in voller Stärke aus und drängte zu Annahmen, welche das Abweichen im Verhalten der Gase von dem der festen und flüssigen Körper erklärlich machen sollten.

Griechische Philosophen hatten bereits eine Ansicht ausgebildet, welche die Eigenschaften, Einwirkungen und Änderungen eines jeden Körpers aus der Annahme herzuleiten suchte, der Körper sei keine stetige Masse, sondern bestehe aus sehr kleinen, durch Zwischenräume getrennten Teilchen. Diese Teilchen, Atome genannt, sind keiner Änderung mehr fähig, sondern nur der Bewegung unterworfen; und alle Erscheinungen der Körperwelt beruhen nach dieser Ansicht aus Mischungen und Ortsveränderungen der Atome. Die sich entwickelnde Naturwissenschaft hat diese Hypothese nicht nur zulässig, sondern für die Erklärung unzähliger, besonders chemischer Erscheinungen unentbehrlich gefunden.

Nur setzen sich nach den Aufschlüssen der Chemie die meisten Stoffe nicht direkt aus einfachen Atomen, sondern aus gesetzmäßig gebildeten Atomgruppen zusammen, so dass die Natur eines Körpers weniger durch die in ihm enthaltenen Atome, wie durch die von diesen gebildeten Atomgruppen bedingt wird. Eine solche Atomgruppe heißt Molekül; so lange ein Körper in seiner chemischen Zusammensetzung ungeändert bleibt, besteht er aus denselben Molekülen. Daniel Bernoulli nahm nun an, dass die ein Gas bildenden kleinsten Teilchen, also, wie die heutige Wissenschaft sagt, die dasselbe zusammensetzenden Moleküle ohne jeden Einfluss auf einander seien und jedes Molekül eine bestimmte Bewegung habe. Bei dieser Bewegung der Moleküle, welche nur den Gesetzen des Zufalls unterworfen sein soll, in welcher also jede Bewegungsrichtung gleich oft sich vorfinden soll, werden in jedem Augenblick gewisse Moleküle gegeneinander, andere an die Wand des umschließenden Gefäßes prallen. Diese in ihrer Bewegung gestörten Moleküle sollen sich bei dem Stoß wie vollkommen elastische Körper verhalten, also nach den Gesetzen über elastische Körper zurückgeworfen werden. Man denke sich, sagt Bernoulli, ein zylindrisches, senkrecht stehendes Gefäß und darin einen beweglichen Stempel, aus welchem ein Gewicht liegt. Die Höhlung möge äußerst kleine Körperchen enthalten, welche sich mit großer Geschwindigkeit nach allen Richtungen hin bewegen. Dann würden diese Körperchen, welche infolge ihres unaufhörlichen Anprallens den Stempel tragen, ein Gas darstellen. Je größer die Zahl der in einer bestimmten Zeit den Stempel treffenden Körper ist. desto größer wird das Gewicht sein, welches von denselben schwebend erhalten wird. Wird also die Höhlung des Gefäßes nach irgend einem Verhältnis verringert, mit anderen Worten, das Volumen des Gases verkleinert, so wird die Zahl der den Stempel treffenden Stöße in gleichem Verhältnis vergrößert, demnach ein in gleichem Verhältnis vergrößertes Gewicht getragen. Somit gelangt Bernoulli zu einer scharfen Erklärung des ihm aufgefallenen Gesetzes.

Diese scharfsinnige Hypothese blieb über ein Jahrhundert unbeachtet. Die Wissenschaft war beschäftigt, den immer mehr anschwellenden Stoff über das Verhalten der Gase durch genaue Versuche zu sichten. Das merkwürdige, ebenfalls durch ein äußerst einfaches, allgemein geltendes Gesetz darstellbare Verhalten der Gase gegen die Einflüsse der Wärme, neue Aufschlüsse, welche man über das Wesen der Wärme gewann, ließen endlich den Wunsch wieder aufleben, die verschiedenen, durch ihre Einfachheit so merkwürdigen Gesetze, welche das Verhalten der Gase bei Änderungen des Drucks, des Volumens und der Temperatur regeln, aus einem Prinzip herzuleiten. Dieses Prinzip war in Bernoulli's Ansichten über die Konstitution der Gase bereits gegeben. Die Sätze der Wärmelehre nötigen zur Aufstellung, nicht der Hypothese, sondern des wohlbegründeten Satzes, dass jene Änderung im Zustand eines Körpers, welche unser Gefühl als eine Temperatur-Erhöhung bezeichnet, mit einer Vergrößerung der Wirkungsfähigkeit oder, wie der technische Ausdruck lautet, der lebendigen Kraft (Energie) der kleinsten Teile des Körpers, der Moleküle, identisch sei. Verbindet man diesen unzweifelhaft richtigen Satz mit der Bernoulli'schen Hypothese über das Wesen der Gasform, so wird es möglich, alle bisher für die Gase aufgefundenen Sätze mit Hilfe der Wahrscheinlichkeitsrechnung, der Gesetze der großen Zahlen, welche das Spiel der in ihrer Bewegung nur dem Zufall unterworfenen Moleküle regeln, herzuleiten. Besonders deutsche Forscher, Clausius in Bonn und Meyer in Breslau, haben sich durch die Ausbildung dieser dynamischen Theorie der Gase hohe Verdienste erworben. Die Betrachtung hat sich jedoch nicht darauf beschränkt, die bekannten Gesetze als Folgerungen eines Prinzips herzuleiten, sondern die durch die mathematische Analyse gewonnenen Folgerungen erschlossen, der experimentellen Erfahrung voraneilend, neue Gebiete der Untersuchung, welche bisher in allen Fällen das Resultat der Rechnung bestätigte. Die Versuche über den Reibungswiderstand, welchen ein Gas der Bewegung eines anderen entgegensetzt, über das gegenseitige Durchdringen, die Absorption der Gase, über das Vermögen der Gase, eine Temperatur-Erhöhung weiterzuleiten, sind teils durch die dynamische Theorie hervorgerufen worden, teils erhielten sie durch diese erst größere Bedeutung. Selbst die geringen Abweichungen zwischen Theorie und Erfahrung, welche übrigens so außerordentlich klein sind, dass es

der mit der peinlichsten Sorgfalt ausgeführten
Versuche bedurfte, um diese Abweichungen festzustellen, können jene Theorie nicht erschüt-
tern. Wie die Entdeckung der Farbenzerstreuung
zunächst als ein Gegensatz zur Wellentheorie
des Lichts aufgefasst wurde, heute aber bei der
weiteren Ausbildung derselben eine ihrer
Grundstützen geworden ist; wie sich aus den geringen Störungen, welche die Planten bei dem
Umlauf um die Sonne zeigen und die zunächst
dem Newton'schen Gesetz zu widersprechen
scheinen, die sichersten Beweise für dasselbe
und zahlreiche Hilfsmittel zur Erkenntnis unseres Weltsystems ergeben, so sind auch die äußerst geringen Abweichungen von den Forderun-
gen der Theorie, welche die Gase zeigen, bestimmt, der Theorie größere Ausbildung und Begründung, unserer Kenntnis über die Natur der
einzelnen Gase größere Ausdehnung zu verlei-
hen. Die bisherigen Resultate setzen voraus,
dass die einzelnen Moleküle des Gases keinen
Einfluss auf einander ausüben, eine Ansicht,
welche nur für eine unendliche Verdünnung der
Gase, also für einen idealen Zustand, richtig
sein kann. Die zu unseren Versuchen zu Gebote
stehenden Gase sind diesem idealen Zustande
wohl nahe gerückt, aber doch noch zu weit von
ihm entfernt, als dass sich nicht die gegenseitige
Wirkung der Moleküle in kleinen Abweichungen
könnte bemerkbar machen. Sie sind Zwischen-
glieder einer Kette, deren Anfangsglied der flüs-
sige oder feste, deren Endglied der ideal gasför-

62

mige Zustand ist, eine Ansicht, welche durch die von Cailletet in Paris und Pictetin Genf erreichte Überführung des Sauerstoffs Wasserstoffs und Stickstoffs in den flüssigen und festen Aggregatzustand eine weitere experimentelle Begründung gefunden hat. Doch reicht unsere Theorie heute schon aus, um uns ein durch wohlbegründete Zahlenwerte unterstütztes Bild von der Wirksamkeit der Moleküle bei den wichtigsten Gasarten zu verschaffen. Hiernach bewegen sich die einzelnen Moleküle mit außerordentlich großer Geschwindigkeit; dennoch ist in Folge der sehr hohen Zahl der fortwährend eintretenden Stöße zwischen den Molekülen der Weg, welchen ein Molekül zwischen zwei sich folgenden Stößen zurücklegt, im Durchschnitt außerordentlich klein.

Um eine Anschauung hierüber zu gewinnen, führen wir den mittleren Weg ein, d. h. denjenigen Weg, welcher, von der Gesamtzahl der Moleküle zurückgelegt, dieselbe Wegsurnme liefert, wie die Summe der von den einzelnen Molekülen wirklich gemachten Wege. Die folgende Tabelle liefert die von Clausius für einige Gasarten berechneten, für eine Temperatur von 0° und 760 mm Barometerstand geltenden Zahlen:

Gas	Mittlere Geschwindig keit in Meter:	Mittlerer Weg in 1/1000 mm	Durchschnitts- zahl für die Stöße eines Moleküls pro Sekunde in Millionen
Luft	485	86	5,7
Sauerstoff	481	89	5,2
Stickstoff	492	84	5,9
Wasserstoff	1844	160	11,5

Ein Erstaunen über die große Zahl der Stöße oder, was dasselbe wäre, über die Kleinheit des zwischen zwei Stößen eines Moleküls liegenden mittleren Weges wäre nicht gerechtfertigt.

Die Zahlen bestätigen eben nur die alte Erfahrung, dass diejenigen Raum und Zeitgrößen, welche sich zur Einteilung unserer Bewusstseins-Empfindungen als geeignet erweisen, zu Raum· und Zeitgrößen auf manchen anderen Gebieten der Natur in keinem einfachen Verhältnis stehen. Übrigens ist bei Betrachtung der mitgeteilten Tabelle nicht zu vergessen, dass ihre Angaben nur Durchschnittsresultate darstellen. Nach dem Ergebnis der Wahrscheinlichkeitsrechnung legen nur etwa 37% der Moleküle den mittleren Weg wirklich zurück. Etwa 19% machen einen größeren Weg, während 44%. der

Moleküle bereits vor Durchmessung des mittleren Wegs in die Wirkungssphäre anderer Moleküle geraten und hierdurch in ihrer Bewegung abgelenkt werden. Der Ausflug in das Gebiet der Wahrscheinlichkeitsrechnung ist beendet, der Triumphzug, welcher uns die Ergebnisse mathematischen Scharfsinns verführte, geschlossen. Mit Stolz dürfen wir aus das Material, welches menschliches Wissen innerhalb weniger Jahrhunderte aus scheinbar so geringem Anfang schuf, zurückblicken. Nachdem die Wahrscheinlichkeitsrechnung durch die Betrachtung der gewöhnlichen Glücksspiele ihre Grundsätze gewonnen und hierdurch selbst das Triviale zum Gegenstand wissenschaftlicher Forschung gemacht hatte, weiß sie diese Grundsätze anzuwenden, um in der Statistik der menschlichen Gesellschaft, in der Verfolgung der Beobachtungsfehler dem Individuum, in der dynamischen Theorie der Gase der Materie ihre Gesetze abzulauschen. Die Auffassung, welche wir von den Naturgesetzen hegen, beginnt infolge der Aufschlüsse, welche die Wahrscheinlichkeitsrechnung über das Wesen der gasförmigen Körper verschaffte, eine andere zu werden. In dem Ergebnis der Vorstellungen, welche die heutige Physik über die Gase zu hegen — wir dürfen sagen, gezwungen ist, erscheint zum ersten Mal ein Naturgesetz nicht als eine feststehende, aber nach der Ausdehnung unserer Erkenntnis grundlose, nicht herzuleitende Regel, sondern als das Natürlich-Wahrscheinliche und daher auch, mit Rücksicht auf die unendliche Zahl der Einzelwirkungen zwischen den Molekülen, als das einzig Mögliche. Das Naturgesetz tritt nicht als ein unabänderliches Fatum, sondern als die statistische Regel einer Anzahl von Einzelereignissen ein. Wer kann heute ahnen, zu welchen Ergebnissen durch die weitere Verfolgung dieses Gedankens die Naturwissenschaft geführt wird? Eine Reihe neuer Forschungen wird mit diesen Betrachtungen heraufbeschworen, deren letztes Ziel vielleicht der Beweis des Satzes sein wird:

»Das Mögliche ist das Notwendige.«

BUCHTIPPS

Naturwissenschaft, Physik und Astronomie

- **Äquivalenz von Information und Energie.** Von: K.-D. Sedlacek
- **Das Gesetz im Zufall:** Wie sich verborgene Gesetzlichkeit manifestiert. Von: Moritz Cantor u. K.-D. Sedlacek (Hrsg.)
- **Die Transzendenz der Realität :** Spuren einer allumfassenden transzendenten Realität jenseits von Raum und Zeit. Von: K.-D. Sedlacek
- **Einsteins Relativitätstheorie ganz ohne Mathematik.** Spezielle und allgemeine Relativitätstheorie. Von: Prof. Dr. Paul Kirchberger u. K.-D. Sedlacek (Hrsg.)
- **Freizeitvergnügen Sternenhimmel mit bloßem Auge:** Wie man Sternbilder auffindet ohne Instrumente. Von: Prof. Dr. Paul Kirchberger u. K.-D. Sedlacek (Hrsg.)
- **Phänomen Naturgesetze:** Das Geheimnis hinter den Erscheinungen der Welt. Von: K.-D. Sedlacek
- **Supervereinigung:** Wie aus nichts alles entsteht. Von: K.-D. Sedlacek
- **Die Natur psycho-physikalischer Phänomene.** Erforschung telekinetischer Vorgänge. Von: Schrenck-Notzing, A. u. Klaus D Sedlacek (Hrsg.)
- **Giganten der Physik.** Die Top10-Physiker der Menschheitsgeschichte. Von: Klaus-Dieter Sedlacek (Hrsg.)
- **Der allmächtige Informatiker:** Das Mysterium des Universums. Von Sir James Jeans u. K.-D. Sedlacek (Hrsg.)
- **Der verborgene Mechanismus des Weltgeschehens:** Neue Erkenntnisse über die Gestalten biotechnischer Systeme der Welt. Von: Dr. h. c. Raoul Francé u. K.-D. Sedlacek
- **Der erdgeschichtliche Klimawandel:** Den wahren Ursachen von Klimaschwankungen auf der Spur. Von Wilhelm Bölsche u. K.-D. Sedlacek (Hrsg.)
- **Wege zur physikalischen Erkenntnis.** Meine wissenschaftlichen Selbstbiographie, Reden und Vorträge. Von **Max Planck** u. K.-D. Sedlacek (Hrsg.)
- **Leonardo da Vinci:** Seine naturwissenschaftlichen Studien und genialen Erfindungen. Von Hermann Grothe u. K.-D. Sedlacek (Hrsg.).
- **The philosophy of physical science.** By Sir Arthur Eddington.
- **The nature of the physical world.** By Sir Arthur Eddington.
- **Leben in der Warmzeit der Erde.** Aus den Urtagen vor dem heutigen Klimawandel. Von Wilhelm Bölsche und K.-D. Sedlacek (Hrsg.
- **Treibhauseffekt und Klimawandel:** Energiewende, ja bitte, aber nicht wegen CO_2. Von Klaus-Dieter Sedlacek (Hrsg.)

Chemie

- **Der Stein der Weisen:** Wie die Alchemie zur Chemie wurde. Von: Wilhelm Ostwald et. al. u. K.-D. Sedlacek (Hrsg.)

BUCHTIPPS

– Durchblick Chemie: Praktische Grundlagen und Einführung in die anorganische, organische und Biochemie. Von: Prof. Dr. Lassar-Cohn, Prof. Dr. W. Löb, K.-D. Sedlacek

NATUR- UND PHILOSOPHIE

– Die letzten Ursachen. Das Buch der Naturerkenntnis. Von: K.-D. Sedlacek

– Gebundener Wille: Wie frei ist menschlicher Wille tatsächlich? Von: K.-D. Sedlacek, G.F. Lipps et. al.

– Jenseits der Erscheinungen: Erkennbarkeit und Realität der Quantennatur. Von: Prof. Dr. M. Schlick u. K.-D. Sedlacek (Hrsg.)

– Kleines Wörterbuch der Natur-Philosophie: 1200 Begriffe, die man kennen sollte, kurz und prägnant. Von: K.-D. Sedlacek

– Naturphilosophie: Das Wesen von Naturgesetzen und die Erklärung des Lebens. Von: Prof. Dr. M. Schlick u. K.-D. Sedlacek (Hrsg.)

– Vereinbarkeit von Religion und Naturwissenschaft. Von: Kurd Laßwitz u. K.-D. Sedlacek (Hrsg.)

– Das Konzept des Guten. Sinnliches Empfinden – Der Ursprung unserer Wertvorstellungen. Von: Klaus-Dieter Sedlacek (Hrsg.)

– Ist echte Erkenntnis möglich? Einführung in die Erkenntnistheorie. Von: Prof. Dr. Erich Becher u. K.-D. Sedlacek (Hrsg.)

– Das individuelle Ich: Was ist der Kern des Selbstbewusstseins? Von: Th. Lipps u. K.-D. Sedlacek (Hrsg.).

– Persönlichkeit und Unsterblichkeit: In welcher Form existiert ein Weiterleben nach dem zeitlichen Ende? Von: Wilhelm Ostwald u. K.-D. Sedlacek (Hrsg.)

– Die idealistischen Grundwerte unserer Kultur. Von Johannes M. Verweyen u. K.-D. Sedlacek (Hrsg.)

– Was sind Wirklichkeiten? Aufgedeckte Naturgeheimnisse. Von Kurd Laßwitz u. K.-D. Sedlacek (Hrsg.)

BEWUSSTSEIN

– Leben nach dem Leben: Befreiung des Bewusstseins von den Fesseln der Zeit. Von: K.-D. Sedlacek

– Quantenbewusstsein. Von: N. Wrobel u. K.-D. Sedlacek

– Synthetisches Bewusstsein. Von: K.-D. Sedlacek

– Unsterbliches Bewusstsein: Raumzeit-Phänomene, Beweise und Visionen. Von: K.-D. Sedlacek

LEBEN UND MEDIZIN

– Leben aus Quantenstaub. Von: N. Wrobel u. K.-D. Sedlacek,

– Was ist Krankheit? Von: N. Wrobel u. K.-D. Sedlacek

– Bewusstsein und Unsterblichkeit. Von: C. L. Schleich u. K.-D. Sedlacek (Hrsg.)

– Die Lebenskraft: Wie Enzyme, Bewusstsein und quantenbiologische Effekte das Leben regulieren. Von: K.-D. Sedlacek u. N. Wrobel,

– Die verborgene Ordnung des Weltsystems. Neue Erkenntnisse über die schöpferischen Kräfte der Natur. Von: Dr. h. c. Raoul Francé u. K.-D.

BUCHTIPPS

Sedlacek (Hrsg.)

– Homöopathie und Praxis:
Naturheilkundliche alternative Medizin
für den mündigen Patienten. Von: Dr.
med. J. Voorhoeve u. K.-D. Sedlacek
(Hrsg.)

**– Eine andere Sicht auf die
Entstehung der sporadischen Form
der Alzheimerkrankheit.** Von Norbert
Wrobel u. K.-D. Sedlacek (Hrsg.)

**– Bleib beweglich und fit ohne
Geräte.** Leichte ärztliche
Zimmergymnastik für jedes Alter. Von
Moritz Schreber.

– Plötzlich gesund. Medizinische
Wunderheilungen und die Macht
organische Leiden psychisch zu
beeinflussen. Von Erwin Liek.

PSYCHOLOGIE

– Gestalt-Psychologie: Einführung
in die neue Psychologie vom
Begründer der Gestaltpsychologie.
Von: Prof. Dr. Kurt Koffka u. K.-D.
Sedlacek (Hrsg.)

**– Die ersten Spuren psychischer
Erscheinungen:** Das psychische
Leben von Mikroorganismen – Eine
Studie in experimenteller Psychologie.
Von Alfred Binet u. K.-D. Sedlacek
(Übers.)

**– Allgemeine moderne
Psychologie:** Systematische
Einführung in die Wissenschaft
psychischer Prozesse. Von August
Messer u. K.-D. Sedlacek (Hrsg.).

**– Strahlende Kräfte durch
positives Denken:** Die Wurzeln des
Erfolgs und Wege zum Glück. Von Emil
Peters u. K.-D. Sedlacek (Hrsg.)

**– Neue praktische
Menschenkenntnis.** Ein Ratgeber zur
Menschenbehandlung mit zahlreichen
Bildern und Beispielen. Von Johannes
Maria Verweyen.

**– Massenpsychologie am Beispiel
Jan Bockelsons.** Geschichte eines
Massenwahns mit einer Einführung
von Sigmund Freud. Von Friedrich
Reck-Malleczewen u. K.-D. Sedlacek
(Hrsg.)

BIOLOGIE

– Wie intelligent sind Pflanzen?
Sensationelle Einblicke in die geheime
Seite des pflanzlichen Wesens. Von
Prof. Dr. phil. Adolf Wagner u. K.-D.
Sedlacek

**– Über Menschenaffen, Tierseele
und Menschenseele:**
Intelligenzprüfungen an Hominiden.
Von Wilhelm Bölsche et. al. und K.-D.
Sedlacek (Hrsg.)

GESCHICHTE, VOR- U.
FRÜHGESCHICHTE

**– Die geheimnisvolle Kultur der
alten Kelten.** Von Druiden,
Fürstensitzen und der Lebensart
unserer frühgeschichtlichen Vorfahren.
Von Georg Grupp u. K.-D. Sedlacek
(Hrsg.)

**– Der Alchemist Leonhard
Thurneysser:** Die Lebensgeschichte
des Goldmachers von Berlin. Von
Klaus-Dieter Sedlacek (Hrsg.)

– Es begann mit Feuerskraft. Das
Werden des Menschen und seiner
Kultur. Von Carl W. Neumann u. K.-D.

BUCHTIPPS

Sedlacek (Hrsg.)

– Gefangen zwischen Eisschollen: Die dramatische Entdeckungsgeschichte der Antarktis. Von Klaus-Dieter Sedlacek (Hrsg.)

RATGEER

– Kultur erleben mit den Wohnmobil in Frankreich: Vierzig kulturelle Highlights, Park- und Übernachtungspätze sowie Navigationskoordinaten. Von Klaus-Dieter Sedlacek

– Kochbuch für ganze Kerle: Kräftige und Feinschmeckergerichte für Freizeit und Camping. Von K.-D. Sedlacek (Hrsg.)

– Der Weg zu Wohlstand und Reichtum: Goldene Regeln für den Aufbau einer selbständigen Existenz. Von P.T. Barnum u. K.-D. Sedlacek (Hrsg.)

FORSCHUNGSREISEN U. ABENTEUER

– Meine erste Weltumseglung: Tagebuch einer epochalen Expedition. Von James Cook u. K.-D. Sedlacek (Hrsg.)

– Exotische Reise durch Persien: Abenteuerlicher Bericht aus einer fremdartigen Welt des 19ten Jahrhunderts. Von Pierre Loti u. K.-D. Sedlacek (Hrsg.)

– Mit der Beagle um die Welt: Bericht meiner Forschungsreise zum Galapagos-Archipel. Von Charles

Darwin u. K.-D. Sedlacek (Hrsg.)

– Peking-Paris im Automobil: Die legendäre 16.000 km – Rallye 1907. Von Luigi Barzini u. K.-D. Sedlacek (Hrsg.)

FANTASTISCHE WELT
ROMANE UND ERZÄHLUNGEN

Bd. 1: **Parallelwelt-Universum und die Suche nach der Weltformel.** Von: K.-D. Sedlacek

Bd. 2: **Marskolonie Eos: und die verschwindende Realität.** Von: K.-D. Sedlacek

Bd. 3: **Korakar: Geheimnisvolles Leben unter ewigem Eis.** Von: K.-D. Sedlacek

Bd. 4: **Die Spur des Dschingis-Khan.** Von: Hans Dominik, K.-D. Sedlacek (Hrsg.)

Bd. 5: **Atlantis: Die Rückkehr der Götter.** Von: Moriz Hoernes, K.-D. Sedlacek (Hrsg.)

SONSTIGE ROMANE

– Prinz Otto oder Der Phönix und die Freiheit: Roman über Intrigen und Macht, Verrat, Hinterlist und wahre Liebe - vom Autor der 'Schatzinsel' und von 'Dr. Jekyll und Mr. Hyde'. Von: Robert Louis Stevenson, K.-D. Sedlacek (Hrsg.), Vito von Eichborn (Hrsg.)

– Herr der Welt. Von: Jules Verne u. K.-D. Sedlacek (Hrsg.)

BUCHTIPPS

BUCHTIPPS

historische Fakten und kosmische Einflüsse, sowie ein Anhang "Mittelalterliche Warmzeit" ;Von Brückner, Eduard; Hann, Julius

21: Liebesbeziehungen und deren Störungen ; Lebensführung nach den Grundsätzen der Individualpsychologie ;Von Adler, Alfred

22: Ägypten zur Zeit der Pyramidenbauer ; Mit 16 Abbildungen im Text und 17 Bildtafeln ;Von Meyer, Eduard

23: Theophrastus Paracelsus ; Der Wegbereiter neuzeitlicher Medizin ;Von Kahlbaum, Georg W. A.

24: Endziel Weltfrieden ; Die Organisation der Welt ;Von Schücking, Walther

25: Kann das Geld abgeschafft werden; Volkswirtschaftliche Zusammenhänge und Tatsachen ; Von Cohn, Dr. Arthur Wolfgang

26: Der Konflikt der modernen Kultur; Vortrag 1921; Vom Kulturphilosophen Georg Simmel

27: Mrs. Hills Spezialrezepte für selbstgemachte Pralinen und anderes Konfekt; 46 Home Made Candys aus Uromas Küche; Von Mrs. Janet McKenzie Hill

Buchshop: